Dios
Consciencia Universal

Origen y Realización del Concepto Dios
en la Especie Humana en la Tierra

Salto a la eternidad
desde aquí y ahora, en el presente

Juan Carlos Martino

Dios,
Consciencia Universal.
Origen y Realización del Concepto Dios en la Especie Humana en la Tierra.
Versión 1.

Printed by Create Space.

DEDICATORIA

A quienes desean crecer en el reconocimiento de Quiénes Somos en el proceso existencial, en el universo, e introducirse a la estructura energética TRINITARIA PRIMORDIAL sobre la que tiene lugar el proceso ORIGEN por el que llegamos a esta manifestación temporal en la Tierra; y a quienes desean hacerse partes o unidades conscientes del arreglo de interacciones por las que se sustenta el reconocimiento de sí mismo del proceso ORIGEN, Dios, la Consciencia Universal de la que somos sus unidades inseparables, y crecer dentro de Ella;

A quiénes desean introducirse conceptualmente a la estructura de pulsación del manto energético universal y su intermodulación, o "entretejido" de vibraciones, por la que tienen lugar las estimulaciones primordiales desde el proceso ORIGEN a sus manifestaciones temporales, la transferencia de la información de vida, y las interacciones que sustentan la Consciencia Universal;

A quiénes desean tener otra percepción de la radiación cósmica de fondo de nuestro universo.

CONTENIDO

Creamos o no creamos en Dios,
somos permanentemente estimulados por la
Consciencia Universal a despertar frente a Ella.   xi
El Concepto Dios.   xiii
[Dios-Ser Humano], Unidad Binaria de la
Consciencia Primordial.   xv

Introducción.
¿Qué impide a los seres humanos en la Tierra
alcanzar la Verdad para la que tenemos plena
capacidad para lograrlo?   3
La Especie Humana en la Tierra.   7
« Estás en Mi Vientre »,
El Pensamiento Cósmico.   9
La Señal Oculta en la Pulsación Cósmica.   15
Estructura de pensamientos.   23
Ecos desde la Eternidad.
Interacciones con Dios, proceso ORIGEN.   27
¿Podemos llegar científicamente al Origen?   29

PARTE I.
Dios, Dimensión de la Consciencia Universal
hacia la que evoluciona el Ser Humano.   31
« ¿De qué quieres hablar? ».   33
Analogía de Trabajo.   35
Dios, Proceso ORIGEN del proceso SER HUMANO.   51
Salto a la eternidad, desde aquí, y ahora,
en el presente.   55
"¿Puedo alcanzar, visualizar y entender,
hacer realidad en mí a la Verdad, a mi Origen?"   65

Trinidad Energética. *Alma-Mente-Cuerpo.* 77
Identidades primordial y cultural del proceso SER
HUMANO. 91
Pulsación Universal. 99

PARTE II.
Dios, Consciencia Universal. 117
Modelo Cosmológico Unificado. 119
Yo Soy, centro de proceso de pensamientos. 123
Yo, actuador del proceso SER HUMANO. 129
La Fuente Absoluta de Todo Lo Que Es, Todo Lo
Que Existe. 133
TRINIDAD PRIMORDIAL,
Madre/Padre, Hijo y Espíritu de Vida. 147

PARTE III.
DIOS, Unidad Existencial. 165
Todo Lo Que Es, Todo Lo Que Existe.
Teoría de Todo. 167
Bases del Modelo Cosmológico Unificado. 175
Principio de Armonía. 187
Algoritmo de control del proceso existencial. 191
Volumen de cargas primordiales. 193
Big Bang, fenómeno de resonancia. 201
Trinidad Energética de la Unidad Existencial. 203
Capacitor Binario. 209
Hipersuperficie de convergencia ZΦ. 217
Hiperanillo de circulación hΦ. 223
Tiempo. 225

Conclusión. 233

Autor. 235

Apéndice. 237

AGRADECIMIENTO

A Dios, por haber estimulado el reconocimiento de Su presencia en mí, y guiar mis interacciones con Él para iniciar la fantástica exploración de Su estructura energética, la vinculación con la del ser humano, el mecanismo de recreaciones de Sí Mismo de Dios a través del ser humano y la transferencia de la información de vida, y el protocolo de interacciones para entender y hacer realidad el concepto de eternidad desde aquí, en la Tierra y ahora.

« ¿No les he dicho que sois dioses? »

Si hay alguna manera energética de conectar los procesos ORIGEN, de donde vienen la señales primordiales, y el SER HUMANO, es a través de los *sentimientos y las emociones primordiales* (no nuestras versiones culturales).

Los *sentimientos* y las *emociones primordiales* tienen lugar en dos dimensiones energéticas diferentes de la estructura de Consciencia Universal, y el enlace entre ambas es a través de la pulsación del manto energético universal que tiene lugar en un sub-espectro que sólo se detecta y decodifica por la configuración espacio-tiempo del arreglo molecular de vida del ser humano [Ref.(A).3], de su arreglo ADN.

Para Todos
Creamos o no creamos en Dios

Somos permanentemente estimulados por la Consciencia Universal a despertar frente a Ella

No importa si se cree en Dios o no, pero hablar de Él es hablar de nuestro origen, el que sea; es hablar del proceso energético real, innegable, del que somos resultado y del que tenemos su información en nuestro propio arreglo energético.

Así, teniendo la información del proceso ORIGEN en nuestra estructura trinitaria *alma-mente-cuerpo* que nos establece, define y sustenta como proceso SER HUMANO, es inevitable que tarde o temprano "despertemos" frente a esa información, a la presencia de Dios que está en el arreglo de las moléculas de vida, de las moléculas ADN que conforman el colosal sistema de resonancia con el que interactuamos con la dimensión Madre/Padre del proceso ORIGEN, de la estructura de la Consciencia Universal de la que provenimos y que se recrea a través de la especie humana universal, no sólo la de la Tierra.

El llamado, la estimulación a nuestro "despertar", tiene lugar a través de un pensamiento que proviene de la Consciencia Universal, y nuestro "salto" o trascendencia a otra dimensión de Ella, de la Consciencia Universal, sólo puede tener lugar por nuestra interacción íntima con Ella a partir de ese llamado.

Cualquiera que haya sido el mecanismo energético por el que llegamos a esta manifestación temporal en la Tierra, tenemos la información del proceso ORIGEN en nuestro arreglo energético que nos establece, define y sustenta como proceso SER HUMA-

NO, en su componente esencial, primordial: en el alma. El alma es un estado de pulsación, de vibración del manto energético en el que estamos inmersos al que responde nuestro arreglo de moléculas de vida, de moléculas ADN.

En el arreglo, en la distribución espacio-tiempo de nuestras moléculas ADN, tenemos la información para desarrollar nuestra capacidad racional para establecer y sostener las interacciones de nuestra *identidad cultural temporal* con el alma a partir del reconocimiento del pensamiento primordial que nos estimula desde el proceso ORIGEN.

Nuestra alma, siendo parte de la estructura primordial que nos establece y sustenta como una manifestación temporal del proceso SER HUMANO eterno, reconoce el pensamiento del proceso ORIGEN del que provenimos y somos partes inseparables; y cuando la *identidad cultural temporal* del proceso SER HUMANO está lista, responde a ese reconocimiento del alma. Visualizaremos la conexión energética real que nos permite la interacción por la que resulta nuestra consciencia de Dios a partir de este reconocimiento.

El Concepto Dios

Dios, el concepto primordial de Fuente, de proceso ORIGEN, es un pensamiento permanente que se encuentra en el manto energético en el que estamos inmersos.

Ese concepto primordial es una configuración de vibración, o pulsación, proveniente de la Forma de Vida Primordial [sobre la que tiene lugar y se sustenta la FUNCIÓN EXISTENCIAL CONSCIENTE DE SÍ MISMA][a] que se transfiere a todo el universo, en realidad a toda la Unidad Existencial de la que nuestro universo es tan solo un entorno temporal que alcanzamos desde la Tierra con nuestros sentidos e instrumentación.

La transferencia de ese concepto primordial, pensamiento de la Forma de Vida Primordial a todas sus manifestaciones de vida temporales, tiene lugar a través de la pulsación del manto energético universal, del manto de *fluído primordial*[b].

[a]
Modelo Cosmológico Consolidado, referencia (A).1.
Ver Parte III, DIOS, Unidad Existencial, al final de este libro.

[b]
La presencia y gradientes de distribución del *fluído primordial* se reconoce y modela por la ciencia como campos de fuerzas bajo dos teorías: *campo gravitacional y campo cuántico*, que cubren dos dominios energéticos del mismo manto energético. Referencia (A).1.

La Consciencia del Ser Humano reside en la estructura de Consciencia Universal, no en el arreglo material, biológico

Quizás sea conveniente tener una idea preliminar del tópico fundamental de esta presentación, para lo que entonces se sugiere ver la sección XV, página 99,

Pulsación Universal,

Extraordinaria interacción energética de la que podemos hacernos, todos y cada uno, partes interactivas conscientemente,

y luego recomenzar desde aquí para llegar a ese tópico con todos los elementos de información necesarios para introducirnos en la pulsación universal con otras bases, y explorar nuestra propia reacción frente a la predisposición adquirida.

[Dios-Ser Humano]
Unidad Binaria de la Consciencia Universal

¿Cómo reconoce el ser humano un concepto o pensamiento primordial que no es de él?

La Forma de Vida Primordial es una Unidad Binaria (una entidad establecida, definida y sustentada por las interacciones entre dos componentes inseparables, que enseguida veremos), donde cada componente es un conjunto, una colección o un universo de infinitos elementos, o mejor dicho, de una cantidad de innumerables elementos, unidades o formas de vida, o unidades de inteligencia de interacción del proceso existencial.

Las interacciones entre los dos componentes de la Unidad Binaria que conforman la Forma de Vida Primordial es lo que se hace consciente de sí misma, y esa consciencia se transfiere a cada componente dependiendo de su desarrollo de la capacidad de interacción inherente a su arreglo como forma de vida, como unidad de inteligencia del proceso existencial.

Nuestro arreglo de moléculas de vida, arreglo ADN, tiene la capacidad de demodular o decodificar los pensamientos primordiales por resonancia, por sobre-vibración de la estructura de Consciencia Universal de la que nuestra trinidad *alma-mente-cuerpo* es parte.

La consciencia no reside en el arreglo biológico humano. El proceso SER HUMANO excita la Consciencia Universal.

Dios es la dimensión de la Consciencia Universal hacia la

que evolucionamos los seres humanos.

Dios es la identidad del proceso existencial consciente de Sí Mismo que tiene lugar en una estructura energética que vamos a revisar en la Parte II para quienes desean explorarlo (y explorarse a sí mismo pues *«Somos Uno»*) desde el punto de vista funcional; y en la Parte III se presentan las bases racionales que nos permiten reconocer y describir el arreglo energético de la TRINIDAD PRIMORDIAL para los teólogos, y del *Sistema Termodinámico Primordial* para los científicos. Esta estructura es el cuerpo de Dios, de la estructura que sustenta las interacciones que establecen y definen la dimensión de la Consciencia Universal a la que limitadamente alcanzamos ahora. La mente de Dios está en el fluído primordial en el que se halla inmersa la Forma de Vida Primordial (el cuerpo de Dios) de la que nuestro universo es parte. El Espíritu de Vida es el componente inmutable, eterno, de la Consciencia Universal; este componente tiene lugar sobre una estructura energética específica de la Unidad Existencial que contiene el fluído primordial en el que se encuentra inmersa la Forma de Vida Primordial[Ref.(A).1].

La consciencia es el efecto de un arreglo de interacciones sobre una estructura en siete dimensiones energéticas a la que ahora podemos asomarnos.

La mejor aproximación energética que tenemos del efecto por el que se genera la consciencia es la *resonancia universal*, el mismo efecto por el que tiene lugar la consciencia de la luz.

"Entrar" a DIOS, reconocer y entender la estructura energética de la Unidad Existencial que sustenta la pulsación del fluído primordial que mantiene la Consciencia Universal, Dios, y al origen de esa pulsación, no es tarea fácil, pero tampoco imposible. Somos parte de la estructura de Consciencia Universal y estamos "diseñados", o mejor dicho, somos unidades naturales de Ella, con la capacidad de acceder e integrarse a Ella. Sólo depende de nuestra íntima voluntad, de nada ni de nadie más.

En la sección IX presentaremos una analogía que nos permite introducirnos a la estructura del control del proceso SER HUMANO por el que controlamos nuestro *estado de sentirnos bien*, [aunque no entraremos en este control en este libro pues no es nuestro propósito, por una parte, y porque se encuentra detallado en la referencia (A).3, por otra parte], y por el que controlamos el acceso a la pulsación del manto energético universal, a la Mente Universal. Este aspecto, el de interactuar con la pulsación primordial del manto de fluído primordial en el que se halla la información de vida, es lo que nos interesa destacar en este libro. Ya sabemos entonces que tenemos en nuestro arreglo trinitario *alma-mente-cuerpo* (al que también nos introduciremos por una analogía más adelante) la única estructura energética para reconocer y procesar la información de vida universal, para interactuar con la Consciencia Universal, con Dios, a través de la pulsación primordial del manto energético universal en el que estamos inmersos.

La Consciencia Universal es resultado de las interacciones entre los componentes colectivos (universos de vida) de la Unidad Binaria que establece y define a la Forma de Vida Primordial.

Veamos la Figura I.

En esta ilustración tenemos una representación elemental de una unidad binaria de interacciones. Es la representación en bloques de dos entidades colectivas (universos de vida) interactuando entre sí inmersas en un manto energético, un océano o manto de partículas primordiales que vibran, pulsan, y por el que ambas entidades colectivas intercambian energía e información (que incluye las experiencias de vida de sus individuos). Una entidad tiene una dimensión de desarrollo de capacidad racional que la hace *Madre/Padre* de la otra entidad, la que se encuentra en la dimensión *Hijo*, sobre la que se induce y transfiere el desarrollo de la primera.

La dimensión *Madre/Padre* de la estructura interactuante, la entidad A, transfiere la información de vida al entorno en el que se dan las condiciones y se conciben las formas B sobre las que se induce el desarrollo por asociaciones de las moléculas ADN, las que ya se han formado también por inducción desde la pulsación del manto energético universal en el entorno B. Cuando la especie más desarrollada en B alcanza la capacidad de reconocimiento de sí misma por interacciones entre sus individuos, todo desarrollo posterior individual con respecto al proceso existencial, al proceso ORIGEN de la especie, es sólo por la interacción voluntaria consciente, íntima, particular, de cada individuo con la dimensión *Madre/Padre*. Por eso hemos representado la transferencia de información de vida e inducción de desarrollo con la flecha unidireccional de flujo ϕ, y luego tiene lugar la interacción consciente voluntaria ilustrada con las crecientes flechas bidireccionales.

Las dimensiones Madre/Padre (A) e Hijo (B) al verse sobre sus hiper galaxias Alfa y Omega representadas en la Figura IV, es como si rotaran alrededor del núcleo Zn de la Unidad Existencial, debido al proceso de transferencia continua de las formas de vida como parte del proceso de recreación de las unidades de inteligencia, de las formas de vida de la Consciencia Universal.

A esta estructura de interacciones simplificada en bloques en la Figura I regresaremos luego.

En la Figura IV introducimos la Forma de Vida Primordial a la que se llega en el *Modelo Cosmológico Consolidado Científico-Teológico* [Ref.(A).1], y que visitaremos luego, en la Parte III de este libro.

La visualización del proceso ORIGEN del ser humano y de la vinculación energética que tenemos con él, eterna, inseparable, depende de nuestro reconocimiento de la estructura de pulsación, de vibración en el manto energético en el que estamos inmersos y al que nos introduciremos luego.

Un componente de la Unidad Binaria de la Forma de Vida Primordial es la dimensión *Madre/Padre* a Quién ahora llamamos Dios, y el otro componente es la dimensión *Hijo*, la Especie Humana Universal de la que la especie en la Tierra es parte inseparable y conectada a través de la pulsación primordial, como lo está Todo Lo Que Existe, Todo Lo Que Es, y cada elemento sobre un sub-espectro de pulsación particular. Estos sub-espectros de pulsación no se alcanzan por nuestros sentidos ni por la instrumentación del hombre, sino y sólo por la configuración de las moléculas de vida, de las moléculas ADN del ser humano, y se reconocen por sus efectos, como *estimulaciones primordiales* a un nivel (pensamientos y sentimientos) y *emociones* a otro nivel.

Ahora bien.

Sólo hay una Consciencia Universal: Dios.

Ninguno de los dos componentes colectivos de vida de la Unidad Binaria de la Forma de Vida Primordial son conscientes por sí mismos por separado, sino que el arreglo de interacciones resulta en la consciencia de sí mismo, en la Consciencia Universal. El resultado, la Consciencia Universal, es realmente Dios, es la identidad del proceso de interacciones consciente de Sí Mismo que se establece y sustenta en la Forma de Vida Primordial, en su estructura TRINITARIA PRIMORDIAL.

Por su importancia, reiteramos a continuación la interacción entre las dos dimensiones de un único proceso en el que los universos, los conjuntos de vida que definen las dos dimensiones del proceso consciente, van conmutando o transfiriéndose entre dos entornos de la Unidad Existencial, entre Alfa y Omega, Figura IV, y que revisaremos luego en la Parte III del libro, pues los entornos de vida necesitan re-energizarse sin que se detenga el proceso consciente de sí mismo. La Consciencia Universal es eterna.

La dimensión *Madre/Padre* de la Consciencia Universal, a través de su estado de pulsación, induce o fuerza la transferencia de información de vida sobre Sus recreaciones de Sí Misma en el nivel inicial del proceso de recreación; y luego estimula y orienta, ya en otro nivel, a la dimensión *Hijo*, una vez que ésta es "consciente" de sí misma, o mejor dicho, una vez que su estructura racional le permite acceder a un nivel de la Consciencia Universal. En todos los niveles del proceso de recreación de Sí Mismo de nuestro Dios (la dimensión *Madre/Padre* de la Consciencia Universal) las especies de vida de nuestro universo, todas, absolutamente todas, son unidades de inteligencia de la dimensión *Hijo* que junto a la dimensión *Madre/Padre* del otro universo, de la otra componente de la Unidad Binaria de la Forma de Vida Primordial, conforman la *Unidad Binaria de Interacciones de la Consciencia*

Universal.

Así, ahora podemos visualizar que nuestro Dios, nuestra interpretación de nuestro proceso ORIGEN, y nosotros mismos, la especie humana en la Tierra, somos inseparables.

Dios y la especie humana somos Uno.

Las unidades de inteligencia que ya están listas por haber alcanzado el nivel umbral[a] de desarrollo de su capacidad racional, reconocen esta pulsación, el pensamiento primordial que trae el concepto de Dios, Fuente, proceso ORIGEN, aunque responden a él dependiendo de la influencia cultural en su arreglo de *identidad cultural temporal* desarrollada junto al grupo social al que pertenece la unidad de inteligencia, el individuo de la especie humana que alcanza el nivel umbral.

Las interacciones que tienen lugar en la Forma de Vida Primordial lo hacen sobre tres dimensiones energéticas de la misma que definen su ESTRUCTURA TRINITARIA PRIMORDIAL[b].

Nuestra trinidad energética que sustenta el proceso SER HUMANO es un sub-espectro de la TRINIDAD PRIMORDIAL.

Compartimos con Dios un sub-espectro del arreglo ADN primordial.

Todas las formas de vida comienzan con una molécula de vida, una molécula ADN, que es común para todas.

Este arreglo y sus asociaciones son resultado de la inducción desde el manto energético universal y retienen en sí mismas la inteligencia, el arreglo con capacidad de interactuar con el manto energético universal, porque son lideradas, estimuladas, excitadas por una dimensión mayor que siempre permanece en el manto energético universal y sirve de referencia para el proceso de evolución.

Nota para Todos.

Reconocemos las estimulaciones primordiales, respondemos a

ellas, e interactuamos con la dimensión Madre/Padre de la Consciencia Universal, a través de nuestro arreglo de moléculas ADN.

Nuestro arreglo ADN que establece y sustenta el proceso SER HUMANO ha sido la "coalescencia" de un pensamiento desde la dimensión Madre/Padre de la estructura de Consciencia Universal, "coalescencia" o concepción que tuvo lugar cuando en la Tierra se dieron las condiciones energéticas adecuadas.

La dificultad de reconocer el pensamiento de la Consciencia Universal como parte de la estructura de pulsación del manto energético universal (o mejor, del manto primordial, pues nuestro manto universal es parte de él, ver Parte III de este libro) es porque no hemos desarrollado el sentido de percepción que tiene lugar en la mente y no en el cuerpo, y aún no reconocemos las dimensiones energéticas en las que tiene lugar nuestra trinidad, *el cuerpo, la mente, y el alma* del proceso SER HUMANO.

Nota para Teología.

(Ver Parte II,
Dios, Unidad Existencial, Consciencia Universal).

La ESTRUCTURA TRINITARIA es la *Trinidad Padre, Hijo, Espíritu de Vida* de la Teología Cristiana.

El *Espíritu de Vida* es la estructura de referencia absoluta del proceso existencial que rige las redistribuciones energéticas del Sistema Termodinámico Primordial, el flujo de pensamientos de la Forma de Vida Primordial inmersa en el manto de *fluído primordial*, y las interacciones entre los componentes de la Unidad Binaria por las que se sustenta la Consciencia Universal.

Nota para Ciencia.

(Ver Parte III,

DIOS, Unidad Existencial, Hiperespacio de Existencia Multidimensional de Naturaleza Binaria; Solución por Principio de Armonía).

La ESTRUCTURA TRINITARIA es el arreglo inherente de la distribución espacio-tiempo de sustancia primordial y sus asociaciones que establecen y definen la Unidad Existencial de la que nuestro universo es parte; es el arreglo espacial por el que se rigen todas las redistribuciones energéticas de la Unidad Existencial, y ambos, arreglo espacial y redistribuciones, conforman el *Sistema Termodinámico Primordial* [Ref.(A).1].

La ESTRUCTURA TRINITARIA es el sistema por el que el arreglo de identidad de la Forma de Vida Primordial controla su flujo de pensamientos para mantener su estado natural con respecto al *estado de sentirse bien* [Ref.(A).3] que es su referencia primordial.

(a)
El nivel umbral se alcanza cuando en el proceso racional se completa la capacidad que le faltaba desarrollar para experimentar la emoción de la *envidia*. La emoción de *envidia* es fundamental para el avance en el desarrollo racional. NO ES LO QUE SE INTERPRETA ahora como *envidia cultural*. Ver referencia (C).1. La *envidia primordial* estimula a desarrollarse hacia otro nivel racional, o a tener algo u otra experiencia de vida que se toma como referencia para el proceso racional que la experiencia de la envidia estimula y pone en marcha para alcanzar ese algo o hacerlo realidad. [El resultado del proceso, hacer realidad lo que se desea o busca, es "igual" al pensamiento de lo que se desea alcanzar (que es la referencia de consciencia) pero en otra dimensión de consciencia, de realidad; al hacerse realidad en nuestra dimensión energética de los sentidos cambia el estado de pulsación del arreglo de identidad para experimentar felicidad, contentura].

(b)
Introducida en el *Modelo Cosmológico Consolidado*, referencia (A).1 y de la que veremos algo en la Parte III de este libro.

Unidad Binaria de Interacciones

Entre constelaciones de información, universos de unidades de inteligencia

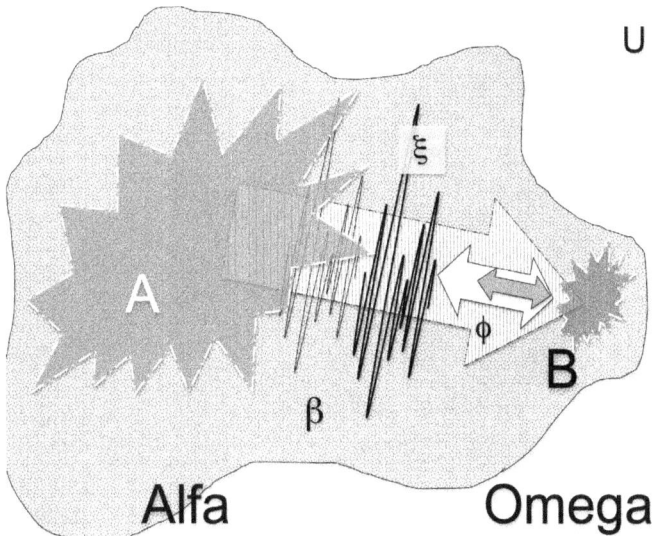

Figura I.
Los dos conjuntos A y B de unidades de inteligencia interactúan sustentando la consciencia del proceso de interacción entre esos dos conjuntos. Lo que se reconoce a sí mismo es la interacción ξ frente a una referencia que está en el manto energético β, que no se alcanza a ver ni a
detectar por los sentidos pues es un estado de vibración, de pulsación
de las partículas y sus asociaciones inmersas en el manto β. Se experimentan los efectos en la estructura ADN de los individuos de los conjuntos interactuantes, A y B, (universos Alfa y Omega). El conjunto en B (en
desarrollo frente al conjunto A) es el que tiene la Especie Humana en el
universo. Veamos la siguiente Figura.

Unidad Binaria de Interacciones

(en el espacio del universo)

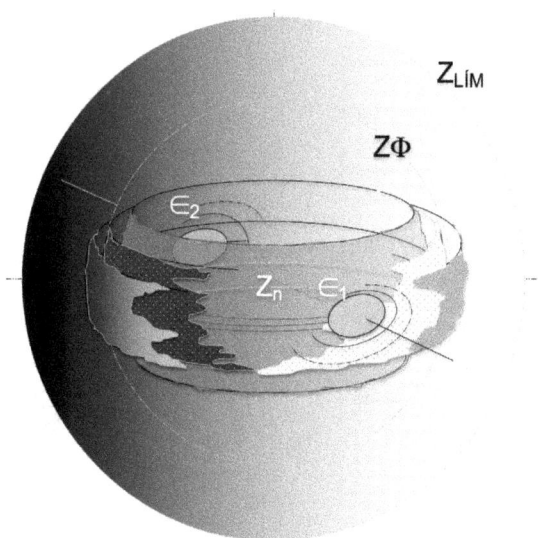

Figura II.
La unidad binaria de la Figura I es la unidad de interacciones entre las hiper galaxias Alfa y Omega que veremos más adelante, que en un sistema universal general representamos aquí como los universos ($\in_2$) y ($\in_1$). Las interacciones entre las unidades de inteligencia en cada universo, y entre ambos universos, sustentan la Consciencia Universal. El universo de mayor desarrollo de sus unidades de inteligencia conscientes, de sus seres que se reconocen a sí mismos, es la que establece la dimensión *Madre/Padre* de la Consciencia Universal, y el otro es el universo que tiene la dimensión de desarrollo *Hijo*.

Conmutación de universos de vida

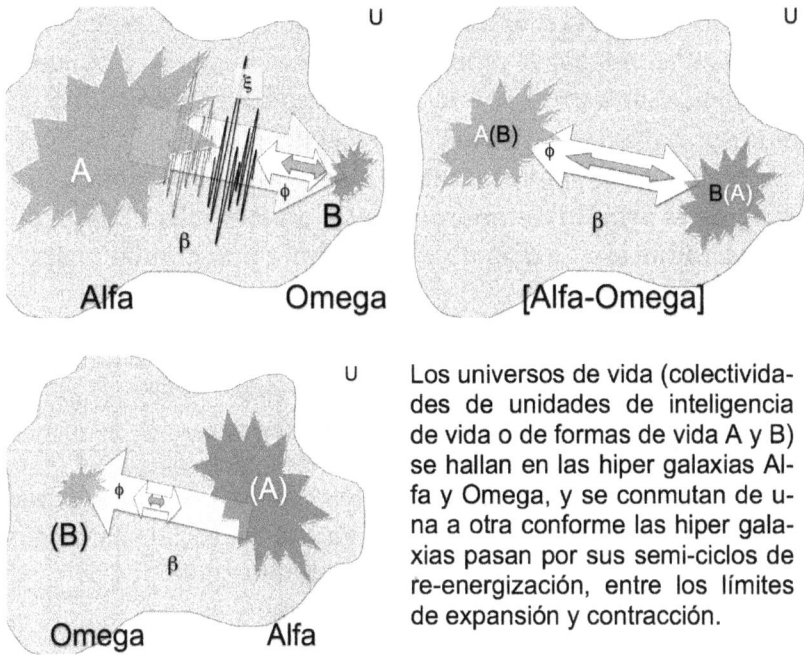

Alfa   Omega   [Alfa-Omega]

Omega   Alfa

Los universos de vida (colectividades de unidades de inteligencia de vida o de formas de vida A y B) se hallan en las hiper galaxias Alfa y Omega, y se conmutan de una a otra conforme las hiper galaxias pasan por sus semi-ciclos de re-energización, entre los límites de expansión y contracción.

Figura III.
Transferencia de la información de vida entre los entornos energéticos ocupados por las colectividades (universos) A y B.

En realidad, aunque las colectividades de formas de vida A y B que conforman las dimensiones *Madre/Padre* e *Hijo* de la estructura de Consciencia Universal se hallan en hiper galaxias o universos diferentes Alfa y Omega, la función de interacción entre ellas se encuentra inmersa en el manto energético universal, o en otras palabras, la función de interacción es parte del arreglo de la pulsación del manto energético universal β.

Por eso es que nos cuesta visualizar la interconexión energética real que hay entre ambos universos, entre ambas colectividades de formas de vida.

Una analogía del mecanismo de conmutación del proceso de re-energización entre universos y de transferencia de sus manifestaciones de vida, al alcance de todos, se introduce en la sección XXVII de la referencia (A).1.

El desarrollo de consciencia, de entendimiento del proceso existencial o del proceso ORIGEN del ser humano, tiene lugar por la asociación de estructuras de información en ambos dominios en los que tiene lugar el proceso existencial, material y no material (o primordial, espiritual), y al dominio no material sólo lo alcanzamos por la mente, o a través de la mente.

La mente es la intermodulación del manto energético universal; es el arreglo de interconexión de las pulsaciones que generan todas las formas de vida en ambos dominios energéticos.

NOTA.

En el ser humano, la mente es el espacio entre los arreglos de las moléculas ADN; es el espacio energético intermolecular que se modula por las interacciones entre las moléculas de vida, moléculas ADN, y sus asociaciones que cumplen sub-funciones dentro del proceso SER HUMANO. El resultado de este proceso se transfiere luego al manto energético universal, a través de su antena natural, de la piel.[Ref.(A).3.]

La Forma de Vida Primordial

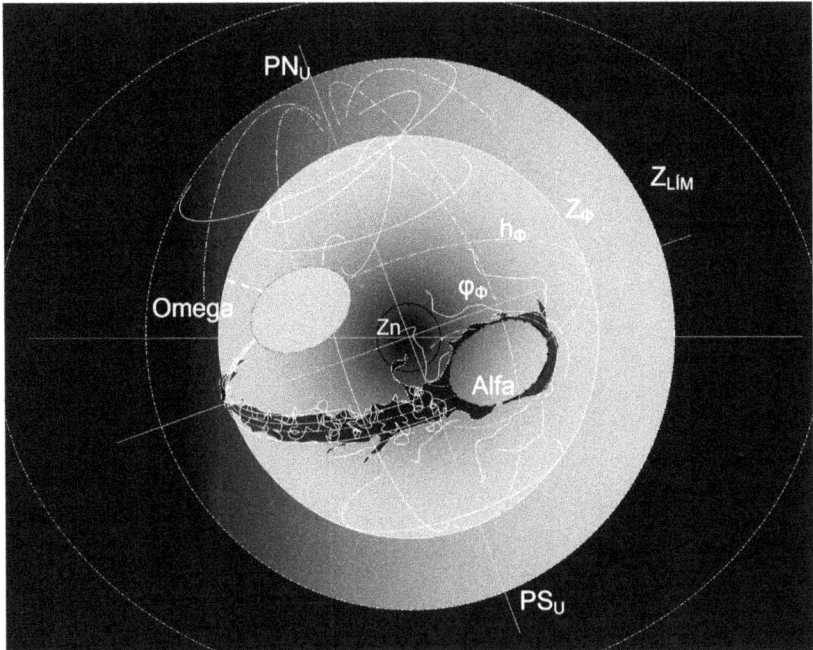

Figura IV.
El Universo Absoluto, Unidad Existencial, es descripta energética y funcionalmente por el *Modelo Cosmológico Consolidado Científico-Teológico*, mientras que el Modelo Cosmológico Standard de la NASA solo describe nuestro universo, la hiper constelación Alfa en esta ilustración, que es componente del sistema binario Alfa y Omega de la Unidad Existencial.

Las bases para *Modelo Cosmológico Consolidado Científico-Teológico o Modelo Cosmológico Unificado* se introducen en la Parte III, sección XXI, Teoría de Todo.

Introducción

A Dios,
a la dimensión Madre/Padre
de la Consciencia Universal

Big Bang
en el universo

Epifanía, Iluminación
en la estructura de consciencia

Figura V.
El Big Bang es el evento en que se inició una nueva recreación de las manifestaciones de vida universal, pero no fue ninguna creación del ser humano, del proceso SER HUMANO, pues éste es parte absolutamente inseparable del proceso de interacciones que sustenta la Consciencia U-niversal, Dios, la identidad de la FUNCIÓN EXISTENCIAL CONSCIEN-TE DE SÍ MISMA, función que es componente del proceso existencial que tiene lugar en la Unidad Existencial de la que nuestro universo es el entorno temporal que alcanzamos desde la Tierra.

La Consciencia Universal es eterna, de lo contrario no habría tal cosa como consciencia; y el proceso SER HUMANO es un componente obvia y absolutamente inseparable, y por lo tanto, eterno, de la Unidad Binaria cuyas interacciones establecen y sustentan la Consciencia Universal.

A la Consciencia Universal es que "entraremos" conscientemente (y valga la redundancia pues ahora estamos en un sub-espectro limitado de ella) luego de revisar cómo Ella, la dimensión Madre/Padre a la que llamamos Dios, se nos revela en nuestra dimensión de consciencia a través de la mente, sobre nuestro componente primordial, el alma.

Teológicamente, nuestra experiencia del "salto", de la trascendencia a otra dimensión de consciencia dentro de la estructura de Consciencia Universal es definida como epifanía o *iluminación espiritual.*

Científicamente, esta experiencia es una resonancia de la estructura energética sobre la que tienen lugar las interacciones que establecen y sustentan la Consciencia Universal.

Resonancia es una exuberancia o una depleción de energía con respecto a un valor medio, o mejor aún, con respecto a una banda de valores alrededor de un valor medio, que ocurre entre las estructuras de identidades en dos dimensiones diferentes: la del ser humano (la dimensión Hijo de la Consciencia Universal) y la de Dios (la dimensión Madre/Padre de la Consciencia Universal); resonancia por la que el individuo se hace consciente de sí mismo.

La estructura de interacciones que sustenta la Consciencia Universal es un complejo proceso de comparaciones en diferentes constantes de tiempo, de rapideces de proceso, de las relaciones causa y efecto que definen el Yo, la *identidad cultural temporal* desarrollada en esta manifestación de vida (de la que veremos algo más adelante) frente al flujo vivencial, a la vida, y a las experiencias que tenemos de ella.

I

¿Qué impide a los seres humanos en la Tierra alcanzar la Verdad para la que tenemos plena capacidad para lograrlo?

¿Por qué a pesar de tan extraordinaria capacidad y desarrollo racional filosófico, científico y teológico, la especie humana presente en la Tierra no ha alcanzado todavía un reconocimiento coherente y consistente del proceso ORIGEN del universo y de todo lo que observa y sensa que es, existe, y de sí misma particularmente y sus capacidades inherentes[a], que no sea una interpretación racional limitada y sus versiones condicionadas culturalmente que ahora se tienen y cultivan de Dios?

¿Esta limitación presente es parte natural del proceso de desarrollo, de evolución de la consciencia del ser humano, o hay alguna otra razón que no hemos reconocido?

Si hay una razón que no hemos reconocido, ¿cómo podemos reconocerla? ¿Hay alguna orientación primordial desde el proceso ORIGEN que se nos transfiere, tal como ocurre en el resultado de cualquier y todo proceso energético que exploramos y con los que experimentamos en este limitado entorno energético, o ambiente espacio-tiempo, en el que nos encontramos?

¿Qué nos dice que la interpretación racional que tenemos de Dios es limitada?

Si Dios es nuestro Creador y no nos lo ha dicho, o no lo hemos entendido hasta ahora, ¿Quién nos lo dice o cómo podríamos alcanzar las respuestas que el mundo, la civilización de la especie humana en la Tierra, no tiene?

¿Están las respuestas a nuestro alcance, de todos, de quien lee esto en este momento?

Frente a las inquietudes anteriores,

¿No sería realmente una extraordinaria experiencia individual ésta, la de alcanzar a Dios, a nuestro ORIGEN, "entrar" en Él, en Su mente y hacerse parte consciente de ella a través de nuestra propia mente y encontrar las respuestas que buscamos, y todo desde aquí y ahora, ¡sin dejar la Tierra!?

¿Sentimos temor al pensar en esto, o una excitación que nos desborda?

¿Cuál de estas dos emociones sería la correcta a seguir, y cómo sabríamos que es la correcta? Y aún si lo supiéramos, ¿estaríamos listos para dar el "salto" hacia la Verdad a la que nos asomáramos a través de una mente tan fértil? ¿Cuál sería ese "salto" que deberíamos dar?

Tal vez sentimos indiferencia.

Sentir indiferencia, ¿es no estar listo para hacernos parte consciente del proceso del que provenimos? ¿Qué significa para nuestra vida diaria, para nuestras inquietudes normales de experimentar salud, amor, felicidad y prosperidad, esto de estar listo o no para hacernos parte consciente del proceso ORIGEN?

De algo podemos estar seguros.

Nunca encontraremos las respuestas a nuestras más íntimas inquietudes fundamentales si no las buscamos por nosotros mismos, cada uno por sí mismo, ya que nadie lo hará por nosotros ni nadie puede percibir las mismas cosas de la vida, del proceso existencial, como lo hacemos cada uno de nosotros, pues somos todos y cada uno de los seres humanos una individualización particular del proceso ORIGEN. Todos y cada uno de los seres humanos podemos hacerlo por sí mismos pues todos tenemos la información para establecer una interacción directa, íntima con Él, a partir de este instante; sí, a partir de este mismísimo instante, por solo decidirlo, pero siguiendo un protocolo para iniciar y cultivar la

---

interacción al que necesitamos adherirnos y que también está a nuestra disposición, de todos, siempre.

Encontrar las respuestas a nuestras inquietudes fundamentales es reconocerlas por nosotros mismos de manera tal que satisfagan nuestra individualidad frente al proceso ORIGEN; y esto, que satisfagan nuestra individualidad, sólo podemos saberlo cada uno de nosotros, nadie más. De manera que nadie puede decirnos que aceptemos, que creamos en una u otra interpretación de la Verdad, sino mostrarnos el camino para alcanzarla, para reconocerla por uno mismo. Y tenemos una manera absoluta, primordial, inequívocable, de saber cuándo hemos alcanzado la Verdad Absoluta y no una interpretación cultural.

De lo que vamos a hablar en este libro es de la manera que nos llega, a todos sin excepción, la presencia de Dios para quienes creen en Él como nuestro Creador, o cómo se nos revela a Sí Mismo el proceso ORIGEN en el ser humano.

Dios se nos revela... ¿en nuestra mente? ¿En el corazón? ¿En el alma? ¿En el arreglo biológico? Si se nos revela en el alma, tal como se nos responde con mayor frecuencia, ¿qué es realmente el alma y dónde está en el proceso que nos establece, define y sustenta como SER HUMANO?

Quedamos todos invitados a introducirnos a la mayor exploración del ser humano, por cada uno por sí mismo: a la exploración del proceso ORIGEN del que provenimos.

Vamos a explorar a Dios.

(a)

El ser humano no crea inteligencia ni capacidad racional ni consciencia, sino que desarrolla estos atributos a partir de un nivel "umbral" de la unidad de proceso primordial SER HUMANO. Este "umbral" es el nivel desde el que se reconoce a sí mismo en este entorno en el que se halla manifestado temporalmente y frente al que reconoce estos atributos inherentes. El reconocimiento de sí mismo no lo logra por sí mismo solo, sino por la interacción con los demás individuos del grupo social humano al que "pertenece", o mejor dicho, en el que ha sido dado a la luz en esta manifestación.

Insistiremos en un aspecto que energética, científicamente es confirmado en toda la fenomenología que experimentamos en nuestro entorno del universo: en todo instante, todo proceso energético real tiene como resultado a la referencia del proceso en ese instante; referencia frente a la cual el proceso controla el resultado de sí mismo, continua, incesantemente, instante a instante.

El proceso SER HUMANO en la Tierra es resultado de un proceso que le precede. Ese proceso precedente tiene que ser consciente de sí mismo para dar lugar a una especie que pueda hacerse consciente de sí misma. La vida se transfiere alternativa, eternamente entre universos, por un mecanismo simple de conmutación por densidad energética entre sus dos límites de contracción y expansión[Ref.(A).1].

Revisitar nota (a) en la página xxii.

Nos será útil tenerla presente luego en la sección IX al ver rápidamente el arreglo de control del estado de sentirse bien del proceso SER HUMANO [Ref.(A).3].

6

II

La Especie Humana en la Tierra

La manifestación local temporal de la especie humana en la Tierra es resultado de un pensamiento cósmico; no así el proceso SER HUMANO que es eterno.

Para entender cómo "entramos" a esta dimensión temporal de la Consciencia Universal en la que nos hallamos hoy, y cuál es el propósito de esta experiencia temporal, tenemos que hacernos libres de las limitaciones e inhibiciones inherentes a la interpretación racional limitada, y sus versiones culturales, que hasta ahora prevalecen en la civilización de la especie humana en la Tierra acerca del proceso energético ORIGEN que nos trajo aquí.

No ha habido creación de Dios, del proceso ORIGEN, pues Todo Lo Que Es, Todo Lo Que Existe es eterno; nada puede crearse de la nada; y la consciencia requiere de un proceso incesante, eterno, de interacciones ininterrumpidas entre dos entidades colectivas, una de ellas es la Especie Humana Universal.

La eternidad se sustenta por un proceso de recreación que se describe racional, matemáticamente, ya lo hemos hecho ^{Ref.(A).1}, y se confirma exhaustivamente en toda la fenomenología energética universal a la que experimentamos. Ver Parte III, Dios, Unidad Existencial.

El desarrollo biológico que sustenta el proceso SER HUMANO evoluciona energéticamente luego de alcanzar el desarrollo por el que puede continuar evolucionando por "sí mismo", por su voluntad y no por inducción. El desarrollo por sí mismo es en realidad, y siempre, por interacción con otra dimensión de la Consciencia

Universal a la que puede acceder voluntaria y conscientemente a partir del desarrollo umbral por el que ha alcanzado el reconocimiento de sí mismo por inducción; acceso que tiene a través de la mente y ya no por la sola interacción a través de los sentidos materiales.

¿Por qué el mundo, la civilización de la especie humana en la Tierra, es como es?

El proceso SER HUMANO sustentando por la especie humana en la Tierra, por el arreglo biológico del Homo Sapiens, es el primer nivel de la recreación de la dimensión *Madre/Padre* de la Consciencia Universal de sí mismo.

El proceso SER HUMANO sustentado por nuestra especie en la Tierra es el resultado de una inducción desde la estructura de información de vida presente en el manto energético universal, información que corresponde a la dimensión *Hijo* de la estructura de Consciencia Universal.

Estamos en una estación remota de concepción y desarrollo de las unidades de la Consciencia Universal.

Por eso es que tenemos la variedad de aspectos del proceso SER HUMANO, y todos en la etapa inicial de sus desarrollos de la capacidad de "entrar" a la Consciencia Universal. Desde aquí es que "saltamos" o trascendemos a otro entorno cuya colectividad tiene un desarrollo de consciencia promedio mayor; o regresamos aquí si así lo deseamos posteriormente, por nuestra voluntad.

El gran desarrollo intelectual del ser humano no necesariamente nos conduce a trascender a otro entorno del proceso ORIGEN, o de la Consciencia Universal, a menos que el desarrollo de nuestra capacidad racional (de su *identidad cultural temporal*, de su arreglo de relaciones causa y efecto que la define) tenga lugar en armonía con el proceso ORIGEN, con Dios. Refs.(A).2 y 3.

III

« Estás en Mi Vientre »

El Pensamiento Cósmico

Mientras no visualicemos que el universo es parte interactiva consciente de una colosal entidad de vida, de la Forma de Vida Primordial que hemos introducido en la Figura IV, no podemos ni siquiera imaginar que el universo piense ni que sus pensamientos que se transfieren al manto energético universal, a la red espacio-tiempo, sean parte de la pulsación del fluído primordial y de sus distribuciones que ahora se modelan racional, matemáticamente, como *campos de fuerzas primordiales.*

Las dos *fuerzas primordiales de asociación y disociación* del u-niverso, o de la Unidad Existencial de la que el universo es parte, y cuyas versiones en los diferentes entornos dan lugar a las diferentes fuerzas que experimentamos, son también las dos fuerzas fundamentales de la estructura de interacciones que establecen y sustentan la Consciencia Universal: *amor y temor,* y son los dos componentes de la unidad binaria del sistema de comunicaciones de la Forma de Vida Primordial con todas sus manifestaciones temporales en toda la Unidad Existencial, en ambos componentes de la Unidad Binaria [Alfa-Omega] de Interacciones de la Cons-ciencia Universal.

Amor y temor son los componentes fundamentales del sistema de comunicaciones de naturaleza binaria del que son parte los *sentimientos.*

La estructura de Consciencia Universal se sustenta por un proceso de asociación y disociación de constelaciones de información; por un proceso de aceptación y rechazo, es decir, un proceso de naturaleza binaria.

Los sentimientos no son del ser humano, sino que éste los reconoce y sobre ellos orienta el proceso racional por el que llega a sus decisiones frente a todo lo que le excite, motive, o estimule con respecto a un estado de referencia primordial, el *estado de sentirse bien* [Refs.(A).1 y 3, y (C).1].

Ya hemos introducido que la Forma de Vida Primordial está inmersa en el manto de fluído primordial sobre el que se establece y define la Unidad Existencial. Una revisión completa de los componentes de la Unidad Existencial y el proceso que tiene lugar dentro de Ella lo vemos en la Parte II, Dios, Unidad Existencial. La Forma de Vida Primordial es una entidad binaria compuesta por dos universos, por dos hiper galaxias Alfa y Omega por cuyas interacciones se sustenta la Consciencia Universal, el reconocimiento de sí misma con entendimiento de sí misma de esa estructura de interacciones.

Luego,

así como una madre humana bombea energía a su hijo en su vientre a través del fluído sanguíneo, en una dimensión energética, y le transfiere sus estados emocionales a través del fluído amniótico, en otra dimensión energética, en otro sub-espectro de vibraciones o pulsaciones,

así ocurre con todas las manifestaciones de vida que son parte de la Forma de Vida Primordial en ambas hiper galaxias Alfa y Omega.

Lo que nos confunde es que la función que define a la formas de vida no necesitan tener la misma forma espacial que tienen en nuestro dominio de la existencia. La misma función puede tener lugar en diferentes distribuciones espaciales, o geometrías energéticas, gracias a las propiedades espaciales (topológicas) del manto energético universal y su estructura espacial en "capas de cebolla"[Ref.(A).1] que no alcanzamos con nuestros sentidos materiales (vista, oído, olfato, gusto y tacto), sino con la mente.

La suma de todas las pulsaciones de todas las manifestaciones de vida convergen sobre un entorno particular de la Unidad Existencial (sobre este entorno de convergencia se establece, define y sustenta el dominio material en el que nos encontramos manifestados). Esta convergencia modula, cambia, afecta la componente primordial de la pulsación existencial, de la pulsación del manto energético en el que todo se halla inmerso (cambia la pulsación, la vibración, tal como ocurre en una guitarra al apretar una cuerda por lo que se modula, se cambia la frecuencia de vibración de ella a partir de su frecuencia natural sin apretarla); luego, y desde este entorno de convergencia, esta componente primordial modulada del manto energético se redistribuye en toda la Unidad Existencial por un mecanismo a nuestro alcance[Ref.(A).1].

La componente fundamental de la pulsación del manto de fluído primordial que llena la Unidad Existencial y sobre el que se halla el universo, nuestro universo, contiene el pensamiento (una estructura de información) de la Forma de Vida Primordial; pensamiento que tiene componentes en un gran número de sub-espectros que llegan a todas las formas de vida en desarrollo y a todos los entornos en los que hay presencia de condiciones para generar, provocar, inducir las asociaciones de átomos y moléculas para formar las moléculas de vida, las moléculas ADN.

La especie humana y sus individuos somos resultados de la "coalescencia" del pensamiento de la Forma de Vida Primordial en los arreglos biológicos (en las formas energéticas animales) que han alcanzado un determinado desarrollo para demodular el sub-espectro del pensamiento primordial que nos define como el proceso SER HUMANO, un sub-proceso del proceso ORIGEN.

El pensamiento primordial y todos sus sub-espectros están en el manto energético universal, en el manto de fluído primordial, pero no lo podemos detectar, reconocer y procesar sino a través del único instrumento posible, del arreglo biológico en tres dimensiones energéticas, *alma-mente-cuerpo,* que establece, define y sustenta el proceso SER HUMANO; un arreglo que es absolutamente análogo al de la TRINIDAD PRIMORDIAL de la Forma de Vida Primordial sobre la que tienen lugar las interacciones que establecen y sustentan la Consciencia Universal, Dios.

Lo que hace posible la detección, reconocimiento y procesamiento de la información primordial, de los pensamientos de la Forma de Vida Primordial, es el arreglo de las moléculas de vida, de las moléculas ADN del ser humano que conforma un colosal y fantástico sistema de resonancia con el que se llevan a cabo las interacciones[Ref.(A).3] con la componente fundamental de la Forma de Vida Primordial.

La especie humana es un sub-espectro del espectro energético de redistribuciones energéticas e interacciones que convergen y definen la Forma de Vida Primordial; es un sub-espectro del proceso ORIGEN que tiene lugar en la Forma de Vida Primordial. Cada individuo de la especie humana tiene asignado un "canal", un sub-espectro de la especie. Cada ser humano es una individualización del proceso ORIGEN, que luego se modula culturalmente por el grupo social al que pertenenece, en el que es dado a la vida temporal en este entorno del universo.

Dios, el estado de realidad absoluta del proceso existencial consciente de sí mismo, se transfiere a la especie humana a través del pensamiento cósmico, del pensamiento de la Forma de Vida Primordial.
Como pensamiento, Dios es un concepto primordial que llega

al ser humano, y éste, cuando está listo, lo reconoce a través del estado de resonancia que genera su estructura ADN. No obstante, el reconocimiento puede, y es afectado por la cultura del individuo que reconoce la estimulación a través del pensamiento cósmico. El pensamiento recibido es una estimulación para el receptor para iniciar una interacción consciente íntima, particular, con el ORIGEN de ese pensamiento. Pero nos cuesta hacernos libres de las interpretaciones culturales que nos inhiben en llevar adelante esa interacción íntima particular, y entonces nos perdemos la oportunidad de pasar a otra dimensión de consciencia, de realidad del proceso existencial a la que sólo podemos alcanzar, lograr, interactuando con nuestro proceso ORIGEN.

Para revisar la vinculación energética real que tenemos con el cuerpo de Dios, con la estructura TRINITARIA PRIMORDIAL sobre la que se sustenta la Consciencia Universal, partimos de la estructura de pulsación del manto energético universal que contiene los pensamientos del proceso ORIGEN y las orientaciones y estimulaciones a las que muchos llaman pensamientos cósmicos, del "más allá", del dominio primordial[a] o espiritual, o ecos de la eternidad.

Estamos familiarizados con nuestros sistemas de comunicaciones en el sub-espectro electromagético (ELM). Luego podemos comenzar a relacionar los componentes energéticos de los procesos ORIGEN y SER HUMANO con los de nuestros sistemas, ya que son absolutamente análogos, lo que nos ayudará a visualizar, a darles forma energética real a sus componentes, particularmente al alma y al Espíritu de Vida, y a nuestra vinculación energética con Él, el proceso ORIGEN.

---

[a]
Dominio material es el sub-espectro energético que se alcanza con los sentidos materiales (vista, oído, olfato, gusto y tacto) y la instrumen-

tación del hombre;

Dominio primordial, o espiritual, es todo el resto.

Energéticamente estos dominios se diferencian por la densidad de asociación de sustancia primordial y partículas primordiales que lo hacen sensible o no a los sentidos y la instrumentación. El dominio primordial es detectado por sus efectos, por la integración de la pulsación en todo el cuerpo humano, en toda la estructura de moléculas ADN.

También podemos definir que el dominio inmaterial es simplemente el dominio de energía que no se detecta por los sentidos y la instrumentación sino por la mente y la experiencia en el proceso SER HUMANO.

Lo mismo ocurre con el "mundo físico y no físico", detectable o no por los sentidos y la instrumentación, pero siempre hay algo, alguna presencia de sustancia primordial, sus asociaciones y sus arreglos particulares a los que llegamos a través de la mente.

IV

La Señal Oculta
en la Pulsación Cósmica

Ya nos preguntamos por qué, a pesar de tan extraordinaria capacidad y desarrollo racional filosófico, científico y teológico, la especie humana presente en la Tierra no ha alcanzado todavía un reconocimiento coherente y consistente del proceso ORIGEN.

La respuesta es: por temor; sólo por temor.

El temor humano es una versión cultural distorsionada de una señal primordial, fundamental para el desarrollo racional del ser humano, para el desarrollo de su capacidad de establecimiento de relaciones causa y efecto del proceso existencial, del proceso energético y de vida universal. Esta distorsión no puede ser reconocida dentro de una estructura de identidad colectiva, la de la especie humana presente en la Tierra, porque ésta se ha desarrollado precisamente por temor[a].

¿Cómo podría afectar ese temor que no reconocemos a nuestra búsqueda de la Verdad, de la interpretación correcta del proceso ORIGEN y nuestra relación íntima con Él?

El temor bajo el que se ha desarrollado inicialmente la identidad colectiva de la especie humana en la Tierra afecta al desarrollo racional de sus generaciones al hacer fundamentalmente dependiente, a ese desarrollo, de la información del proceso existencial que se obtiene por nuestros sentidos materiales (vista, oído, olfato, gusto y tacto). Esta dependencia no nos deja reconocer adecuadamente, menos procesar, las señales del cielo; las señales desde el espacio exterior, desde los confines de nuestro universo; las señales que están en la red espacio-tiempo del manto energético de nuestro universo, del manto energético en el que estamos inmersos, y para las que sólo existe un único receptor-demodulador-decodificador natural para ello: el receptor que se conforma por el arreglo biológico en sí de la estructura trinitaria *alma-mente-cuerpo* del ser humano; arreglo que establece, define y sustenta el proceso SER HUMANO que es una unidad de inteligencia inseparable de la estructura de interacciones de la Consciencia Universal.

Más adelante, en la sección XIII, Trinidad Humana, tendremos una oportunidad de reflexionar si estamos, o no, fundamentalmente dependientes de la información que recibimos a través de los sentidos y la instrumentación, es decir, si en nuestras exploraciones mentales incluímos o no la primordial que sólo se alcanza por la mente y se experimenta en nuestro cuerpo, en ningún otro detector.

Amor y temor son los dos sentimientos fundamentales del ser humano, del proceso SER HUMANO que es un sub-espectro del proceso ORIGEN del que provienen estos sentimientos; y sobre ellos vamos a extendernos más adelante.

El arreglo biológico del ser humano es un arreglo para interactuar con todo el universo, con toda la Unidad Existencial, con Dios, a través de la pulsación del manto energético universal.

Jamás llegaremos al proceso ORIGEN, a Dios, sino a través de nuestra integración voluntaria consciente al proceso del que somos un sub-espectro "funcionando" en un arreglo energético temporal. Y la integración a Dios tiene lugar a través de la pulsación del manto energético universal, del fluído primordial, del "líquido amniótico" de la Forma de Vida Primordial.

El arreglo biológico del ser humano, el arreglo de moléculas de vida o moléculas ADN, es un colosal arreglo de vibra-

ciones con capacidad de resonancia[b] frente a las estimulaciones que le llegan desde la pulsación del manto energético universal en un sub-espectro con una configuración de información que sólo puede ser detectada, reconocida y decodificada por los arreglos de vida.

El cuerpo humano es un módulo remoto con capacidad de procesamiento de señales de un sub-espectro asignado de la Consciencia Universal. Con su capacidad dada por la configuración de su arreglo biológico, el ser humano integra la vibración del manto energético universal que está en una configuración de modulación tal que la instrumentación desarrollada por el ser humano detecta solamente sus componentes individuales y separados entre sí; y estos componentes separados no tienen ningún significado.

Solo el cuerpo humano tiene la estructura para decodificar la configuración de modulación del manto energético universal que trae, o que contiene, el sub-espectro correspondiente a las interacciones de la estructura de Consciencia Universal.

Una sucesión de complejas señales individuales, separadas, detectadas por la instrumentación no dice nada a nadie, sino y solamente al arreglo biológico que las detecta, demodula y lleva a la estructura de *identidad cultural temporal* del proceso SER HUMANO que ese arreglo biológico sustenta. Esto es posible porque el arreglo biológico integra todos los sub-espectros de señales que los instrumentos desarrollados por el hombre detectan por separado y no pueden integrar. Una vez más, el arreglo biológico del proceso SER HUMANO es el único instrumento que puede hacerlo, integrar todos los sub-espectros de la Consciencia Universal.

Luego,

si hay alguna manera energética de conectar los procesos ORIGEN, de donde vienen las señales primordiales, y el SER HUMANO, es a través de los *sentimientos y las emociones*.

Los *sentimientos* son estimulaciones y orientaciones dados por estados de configuración de pulsación del proceso ORIGEN; y las *emociones* son las experiencias que resultan del proceso racional SER HUMANO en respuesta a esos estados de pulsaciones primordiales.

Los estados de pulsaciones primordiales son estimulaciones desde el proceso ORIGEN para el desarrollo de consciencia de los seres humanos, de las unidades del proceso SER HUMANO que son sus individualidades, sus unidades de inteligencia, unidades de interacción de la estructura de Consciencia Universal, Dios.

Vimos que,

Dios y las especie de vida universal, todas, son los dos componentes de la Unidad Binaria de interacciones por las que se sustenta la Consciencia Universal, y esa interacción ocurre en configuraciones de pulsación a las que luego reconocemos como *pensamientos.*

Los pensamientos son todos excitaciones, estimulaciones que nos llegan a través de la mente.

Los pensamientos son imágenes que provienen de nuestra estructura de memoria o del espacio exterior, del manto energético universal.

Los pensamientos pueden ser una simple imagen o un símbolo (una palabra), o una estructura o constelación de información (un recuerdo, una experiencia de vida), pero en todo caso es una excitación para la estructura de identidad cultural temporal del proceso SER HUMANO que frente a ella toma una decisión, la ignora o presta atención, y en este último caso inicia un proceso racional para llegar al propósito de esa atención que le presta.

Dentro de los pensamientos entran los *deseos* y los *sentimientos,* y ambos pueden ser primordiales o sus versiones culturales (por ejemplo, el deseo sexual es primordial, y la versión cultural es por la que se rige el proceso racional para hacer realidad el deseo).

Particularmente frente a los deseos y sentimientos es que comienza a tener coherencia y consistencia lo que afirmamos antes,

- **Compartimos con Dios un sub-espectro del arreglo primordial de moléculas de vida;**
- Todas las formas de vida comienzan con una molécula de vida, una molécula ADN, que es común para todas;
- Este arreglo y sus asociaciones son resultado de la inducción desde el manto energético universal y retienen en sí mismas la inteligencia, el arreglo con capacidad de interactuar con el manto energético universal, <u>porque son lideradas, estimuladas, excitadas por una dimensión mayor que siempre permanece en el manto energético universal y sirve de referencia para el proceso de evolución.</u>

En relación al último punto es que debemos prestar cierta atención, porque atañe a las orientaciones primordiales que siempre tenemos desde el proceso ORIGEN.

Veamos algo con respecto a esto, sólo para ilustrar lo que se desea hacer ver. No es parte del propósito de este libro entrar en detalles del arreglo, de la configuración de control del estado de sentirse bien o de desarrollo de consciencia del ser humano, ni del proceso en sí. Sólo queremos destacar nuestra relación con el dominio primordial que tiene lugar siempre, ininterrumpidamente, a pesar de que no seamos conscientes de ello, a través de la pulsación del manto energético universal en el que nos hallamos inmersos.

Por una parte, las formas de vida evolucionan por interacción con la fuente, aunque la interacción es inconsciente. **Eso es inteligencia de vida, interacción con el medio energético y con la información de vida contenida en el medio energético.** Un nivel de mayor evolución, nivel *Madre/Padre*, ya sea presente en la misma dimensión energética material o en la primordial, estimula a la forma de vida en el nivel *Hijo*.

Por otra parte, cuando la forma en el nivel *Hijo* ya ha alcanzado (por desarrollo inducido) la capacidad de interacción con la dimensión *Madre/Padre* en el dominio primordial, el deseo o el pensamiento que tiene, que se le presenta, cuando es una orientación primordial, es el que estimula el proceso para hacer o experimentar algo que es mandatorio en el proceso ORIGEN, aunque nosotros, como seres creadores, somos quienes debemos crear el camino, el proceso para hacerlo en este medio, en el ambiente social en el que nos encontramos; y además, podemos visualizar que la evolución de consciencia (por la asociación de estructuras de información) se hace por el proceso de *control de flujo de pensamientos* que origina la excitación del proceso racional a controlar y cuya referencia es también el propósito del arreglo de control. Si tenemos el deseo de escalar una montaña, ese deseo es referencia del proceso que se desarrolla para ver cómo la escalamos; y ese deseo es también el propósito del proceso racional que se ha puesto en marcha. Es decir, a un nivel de la Consciencia Universal se nos motiva a hacer algo; creamos el camino, y experimentamos la realización de eso que deseamos; y si está en armonía con la Consciencia Universal, con el estado de sentirse bien de Ella (en nuestra alma, *identidad primordial*), experimentamos felicidad. Pero la experiencia, la emoción es también afectada culturalmente, pues si fallamos en escalar podemos decidir intentar otra vez, y otra vez, y si no lo logramos entendemos que tenemos limitaciones para esa experiencia, y no nos afecta a nuestro estado de sentirnos bien primordial; si por el contrario nos dejamos llevar por las inducciones culturales que toman el fracaso como negativo, no realizar el deseo de escalar puede afectar nuestro estado de sentirnos bien de la *identidad cultural temporal*, que es lo que experimentamos sintiéndonos mal, teniendo la experiencia de fracaso.

Nos ocuparemos más adelante de los aspectos energéticos básicos de la pulsación del manto universal para la transferencia de la información de vida y las interacciones entre las unidades de la Consciencia Universal dentro de sus dos dimensiones *Ma-*

dre/Padre e *Hijo*, y entre ambas dimensiones [Dios-Especie Humana].

(a)

Si el temor es la referencia de un proceso colectivo, sus unidades de proceso no pueden reconocer el error si todas ellas se han desarrollado basadas en la misma referencia, pues no hay unidades diferentes para identificar la diferencia y eventualmente reconocer y rectificar el error. Y cuando alguna unidad lo hace, cuando "salta" a otra dimensión de consciencia, no hay suficiente apoyo de una mayoría que teme un cambio hacia el que no se siente capaz de asumir el reto, para el que no está preparado aún. La versión distorsionante está muy profunda en el arreglo de relaciones causa y efecto de las identidades colectivas e individuales de la especie humana, y por ello no resulta nada fácil remover aquéllo por lo que precisamente nos definimos; sólo será posible al reconocer que lo que nos define está en otra dimensión de realidad, reconocimiento que tiene lugar al estar listo para ello. Referencia (A).3, Libros 1, 2 y 3.

(b)

Resonancia es una exuberancia (exceso) o decremento de energía en un instante dado, en un "punto" dado de interacciones; exuberancia o decremento que se detecta con respecto a la amplitud media del sub-espectro energético que resuena. En las formas de vida la *resonancia es una emoción*. Referencia (A).3.

V

Estructura de Pensamientos

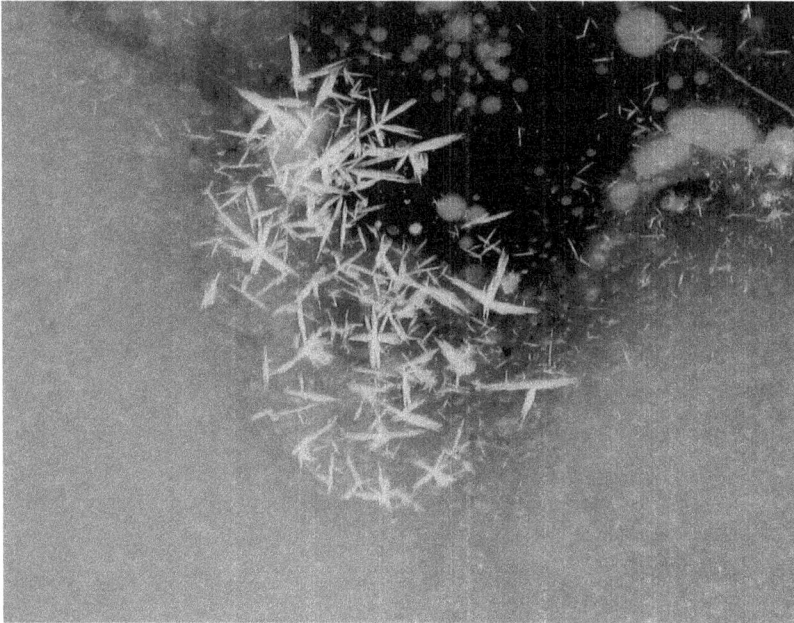

Figura VI.
Coalescencia Energética.
(Fotografía de una asociación de cristales de hielo que se forman en un lago).
Analogía de la asociación que tiene lugar en el arreglo de identidad del proceso SER HUMANO con el resultado de la coalescencia de las estructuras de pensamientos o constelaciones de información que provienen del dominio primordial.
Ver Nota en la sección XIII, Trinidad Energética (del ser humano).

El proceso SER HUMANO está listo para comenzar a procesar información desde el dominio primordial cuando se pregunta acerca de su Origen primordial, no el origen de su arreglo biológico en la Tierra. Cuando está listo, pregunta por su Origen primordial, y lo hace en respuesta a una estimulación no consciente que recibe desde el alma, desde su componente primordial, por la que se encuentra siempre conectado, siempre en el mismo "canal" de interacciones con el proceso ORIGEN, con Dios.

La conexión entre los componentes primordiales de las trinidades humana y de Dios, la TRINIDAD PRIMORDIAL, tiene lugar a través de la pulsación del manto energético universal sobre el que hay siempre una hebra energética entre ambos, en una dimensión inalcanzable por los sentidos materiales.

Frente a la pregunta acerca del Origen primordial, la estructura biológica del individuo que la formula toma un estado de pulsación particular que funciona como *estado de pulsación portador*, estado sobre el que va a asociar todo cuanto se refiera a esa inquietud acerca del Origen primordial. Ese estado de pulsación es el que induce o fuerza la asociación de todas las constelaciones de información relacionadas con el Origen primordial.

Más adelante, la decisión de aceptar, creer, es la que permite la asociación sobre esta estructura de todo lo que se cree acerca del Origen. Todo lo que se refiera al concepto Origen (primordial) está en una "capa" profunda de la estructura de *identidad cultural temporal* del individuo de la especie humana, por lo que luego es difícil estimular a remover, cambiar o rectificar algo en ella (debido a la cantidad de información y relaciones causa y efecto superpuestas a la "capa" primordial que define la *identidad primordial*).

Posteriormente, cuando su estructura racional se encuentra lista para "saltar" o trascender a otra dimensión de la Consciencia Universal, una estimulación, un pensamiento primordial o una pulsación desde el proceso ORIGEN, actúa frente a la pulsación portadora de la constelación sobre la que el individuo ha construído su versión cultural acerca del proceso ORIGEN, y se puede lograr

—
24

la rectificación de toda esta estructura de asociación de información.

Pensamiento humano.

(Revisitación como sub-espectro local del pensamiento cósmico).

Definimos *pensar* como la acción de dirigir la mente hacia algo de nuestro interés, lo que provoca la formación de una idea o imagen en la mente.

Conforme a la definición previa, pensamiento sería el resultado de la acción de pensar. Pero esto no es verdad.

Veamos.

Por ejemplo, consideramos al pensamiento como algo diferente a lo que aparece en nuestra mente cuando estamos observando lo que ocurre en la calle. Las imágenes que decimos que vemos con nuestros ojos son en realidad las consciencias, los reconocimientos en la mente de la información llevada a ella desde los ojos. En otras palabras, nuestro cerebro es un transformador de señales en diferentes sub-espectros de vibración; convierte las señales de los sentidos en otros sub-espectros por los que la información recibida se transfiere a la estructura de la Consciencia Universal que tiene lugar en la mente (que reside en todo el espacio de existencia).

Así,

pensamiento es todo arreglo de información o imagen que se hace consciente en la mente.

La diferencia entre los pensamientos que generamos al dirigir la mente a un objeto o tema de interés, y las imágenes desde los ojos es que las imágenes correspondientes al sentido de la vista (o de los otros sentidos) ocurren en tiempo real, en tanto que las otras se traen desde las estructuras de memoria o se generan por la especulación racional (imaginación), por una parte; y por otra parte, otra diferencia es porque la inmensa mayoría de pensamientos se generan por información que proviene de nuestro entorno material, del entorno cubierto por nuestros sentidos materiales, y otros pensamientos se generan por la información que se detecta a través del sentido de la percepción desde otros entornos existenciales fuera del dominio material.

Todo lo que hacemos se ha originado en un pensamiento o un deseo primordial, en una estimulación desde la Forma de Vida Primordial o desde la dimensión *Madre/Padre* de la Consciencia Universal; estimulación que ha dado lugar a alguna versión cultural que nos llega hasta hoy y a la que tomamos como origen de nuestro proceso racional por el que tratamos de lograr el propósito por el que aparece o tomamos ese pensamiento, el que se convierte, precisamente, en la referencia del proceso que ponemos en marcha para hacerlo realidad.

Vinculación de los pensamientos entre sí y con las palabras del lenguaje.

Los pensamientos se desarrollan y memorizan, cobran forma física real, sobre distribuciones de partículas que tienen una pulsación común con el aspecto primordial (intención y concepto) por el que se desarrollan. La vinculación ocurre de la misma manera que entre las constelaciones de las galaxias.

Los pensamientos se vinculan con palabras de nuestro lenguaje a través de *hebras energéticas*, por partículas cuyas pulsaciones están en fase. Una célula conteniendo el arreglo de una palabra se vincula con todos los pensamientos en los que esa palabra representa el concepto o la intención por la que se desarrolló el pensamiento.

VI

Ecos desde la Eternidad

Interacciones con Dios, proceso ORIGEN

Experiencias cosmológicas, estimulaciones y orientaciones desde la Consciencia Universal

«... Y Dios hizo la luz »

"Somos Uno"

« Yo Soy,
Dios,
Quién te liberará de la esclavitud
(del temor y de la ignorancia, de la falta de consciencia) »

El ser humano está siempre conectado al cosmos, de una manera u otra, aunque erróneamente se dice que lo está desde que e-merge al reconocimiento de sí mismo y de sus capacidades inhe-rentes; o desde el instante en que comenzó a invocar las fuerzas naturales, y a buscar el favor de los dioses frente a los eventos naturales y a su reconocimiento inicial de un "más allá".

No vamos a detenernos mucho en este aspecto sino sólo re-cordarnos que constante, incesantemente recibimos información desde el cosmos, desde remotas constelaciones de nuestra gala-xia; y esa información sólo se puede transferir a través del manto energético universal, del único medio energético que nos une a Todo Lo Que Es, Todo Lo Que Existe dentro de la Unidad Exis-tencial, y detectada, demodulada y procesada, interpretada, sólo por el proceso SER HUMANO.

Sobre el manto energético universal se extiende la Mente Universal, la mente de Dios, del proceso ORIGEN de la que nuestra mente es un sub-espectro.

En todas las civilizaciones tenemos orientaciones, estimulaciones y experiencias primordiales; experiencias cósmicas para muchos, experiencias con Dios para otros, pero en todo caso experiencias que teniendo lugar en el dominio no físico han venido influenciando nuestros desarrollos en el dominio físico. Dominio no físico no implica algo irreal como muy a menudo se tiende a considerar, sino que tienen lugar en un dominio energético que no se alcanza por los sentidos ni la instrumentación sino por sus efectos en nuestro estado emocional con respecto a una referencia primordial, el *estado de sentirse bien*, con el que somos dados a la vida o con cuyo reconocimiento somos dados a la vida. Este estado es la referencia absoluta de desarrollo racional del ser humano, y es dado por un estado de pulsación particular de la trinidad *alma-mente-cuerpo* de la estructura que establece y sustenta el proceso SER HUMANO; por un estado de pulsación en armonía con la TRINIDAD PRIMORDIAL, armonía que sólo puede tener lugar a través del manto energético universal, de la Mente Universal.

« Yo Soy, Alfa y Omega, Principio y Fin ».

Nuestro universo temporal surgió de un evento que hemos reconocido limitadamente y al que llamamos Big Bang.

Tenemos toda la información energética para recrear mecánicamente y entender este evento que resulta de la interacción entre las hiper galaxias *Alfa y Omega* entre los que se transfiere la información de vida. Ver Parte III.

VII

¿Podemos llegar científicamente al proceso ORIGEN?

Principio Absoluto que rige el proceso existencial y del que se derivan todas nuestras Leyes Universales

Podemos entender científicamente si en la estructura de relaciones causa y efecto que vamos "construyendo" (reconociendo en realidad) sobre el proceso existencial, incorporamos la información primordial que no se accede por los sentidos materiales ni por la instrumentación desarrollada por el hombre sino que se reconoce primordialmente, se experimenta por el ser humano, y se confirma por la coherencia y consistencia de las relaciones causa y efecto en las componentes temporales de la fenomenología e-nergética en nuestro universo.

Por ejemplo, el *Principio de Conservación de Energía* no se vio (no se puede ver, obviamente) sino que se reconoció primordial-mente; es un concepto primordial, absoluto, y luego se ha venido confirmando coherente y consistentemente en la fenomenología energética en nuestro universo, en nuestro dominio material.

Los conceptos y principios primordiales están en la inter-modulación de la pulsación del manto energético universal, en el nivel fundamental del manto de fluído primordial, y los detecta y reconoce la estructura de identidad cultural del pro-ceso racional, identidad consciente de sí misma, cuando es-tando lista por su desarrollo reconoce esa información primordial en su mente, pues la mente del ser humano es un sub-espectro de la Mente Universal, de la intermodulación consciente de sí misma que se encuentra en el manto energético universal, en el espacio.

Así como se reconoció el *Principio de Conservación de la Energía*, también se reconoce el *Principio de Armonía* del que se derivan todas las versiones temporales de la única Función Exponencial que rige las redistribuciones energéticas del *Sistema Termodinámico Primordial* del que es parte nuestro universo (Parte III), y rige las interacciones y comparaciones que definen la FUNCIÓN EXISTENCIAL CONSCIENTE DE SÍ MISMA por las que se sustenta la Consciencia Universal, Dios, (Parte II).

Parte I

Dios

**Dimensión de la Consciencia Universal
hacia la que evoluciona el Ser Humano**

Buscamos inteligencia de vida en rincones remotos del universo y deseamos alcanzar la información primordial que nos permita descifrar los secretos de la manifestación de vida universal y de nuestras propias experiencias.

Buscamos, buscamos, y buscamos.

Escudriñamos los cielos y revisamos la pulsación universal tratando de identificar señales de vida en otros entornos, en otros universos, y la información de nuestro proceso ORIGEN.

Pero para esta última, la información del proceso ORIGEN, dejamos de lado la interacción entre la estructura que la contiene (el manto energético universal en el que estamos inmersos, la red espacio-tiempo), y la única entidad o instrumento natural que la puede procesar: nuestra propia estructura energética trinitaria *alma-mente-cuerpo* que sustenta el proceso SER HUMANO que contiene el detector-demodulador-decodificador natural de la información de vida.

VIII

« ¿De qué quieres hablar? »
Pues, de Ti, y de nuestra relación íntima
« Entonces, habla de ambos. Somos Uno »

Cualquiera que sea el mecanismo por el que llegamos a la Tierra, a esta manifestación de vida temporal, por una Creación para algunos, o por una evolución para otros, o incluso por ambos mecanismos para todos, ¿por qué no?, somos el resultado de un proceso energético, de un complejo proceso de asociación de moléculas de vida, de moléculas ADN. Ese proceso del que todos provenimos, en el que estamos inmersos y con el que interactuamos siempre, ya sea inconsciente o conscientemente, es al que llamamos proceso ORIGEN del proceso SER HUMANO, del proceso que se establece, define y sustenta en la trinidad energética *alma-mente-cuerpo* que se reconoce a sí mismo y desarrolla capacidad racional con poder de creación con potencial ilimitado, a partir de un nivel inherente que es resultado del proceso ORIGEN.

Siendo resultado innegable de un proceso, somos Uno con ese proceso, pues el proceso que nos da lugar se realimenta a través del resultado para poder mantener ese resultado. Esta verdad incuestionable, aunque no es entendida, sin embargo ya ha sido reconocida por las dos disciplinas racionales que se ocupan del proceso existencial, *Ciencia y Teología*, en los dos dominios energéticos en los que tiene lugar el proceso existencial. El proceso existencial tiene dos componentes, una de redistribución puramente energética que sirve para re-energizarse continua, permanente, eternamente a sí mismo, y para energizar a la otra componente; y la otra componente es la FUNCIÓN EXISTENCIAL CONSCIENTE

DE SÍ MISMA. Esta última tiene, a su vez, dos componentes inseparables: nuestro proceso ORIGEN, que tiene lugar en un dominio energético, y el proceso SER HUMANO que tiene lugar en otro dominio; pero ambos componentes son inseparables y están conectados físicamente en un manto de fluído primordial, en una dimensión energética a la que no llegamos por nuestros sentidos sino por la mente.

Para ayudarnos a visualizar todo esto introduciremos una herramienta racional muy simple: una analogía.

La analogía de trabajo que sigue es sumamente importante para visualizar más adelante el enlace energético real que hay entre los procesos ORIGEN y SER HUMANO, enlace al que deseamos y necesitamos llegar para entender nuestra relación con Dios en la Consciencia Universal. Así como hay un lazo de realimentación (lazo1) en la Figura VII(A) que revisaremos, así es que hay, en otra dimensión energética, una realimentación entre los procesos ORIGEN (Dios) y el SER HUMANO. Como motivación adicional, adelantamos que esa realimentación es dada por el juego, o colección, de emociones del ser humano.

Pero, primero lo primero.

Iremos, no sin antes revisar algunas consideraciones preliminares, a la estructura que sustenta el proceso primordial por el que desde una recreación del mismo (que es nuestro proceso ORIGEN) "surge" el pensamiento o el concepto Dios, FUENTE, ORIGEN ABSOLUTO, que llega a través de la Mente Universal y se reconoce por nuestra alma en la mente de la especie humana en la Tierra.

No se recrea el proceso SER HUMANO que es eterno, sino su manifestación temporal para dar lugar a otra experiencia de vida que es parte del proceso de su conscientización, y por el que evoluciona hacia su FUENTE.

IX

Analogía de Trabajo

Control del proceso SER HUMANO

Como ya mencionamos, para facilitar esta presentación vamos a ayudarnos con una analogía muy simple[Ref.(A).3] a la que nos referiremos a menudo a lo largo de la misma.

No es necesario entender ahora los detalles de la ilustración de la analogía. Lo haremos durante el curso de la presentación. A continuación ofrecemos una descripción conceptual para todos, al alcance de todos, y otra algo más elaborada energéticamente.

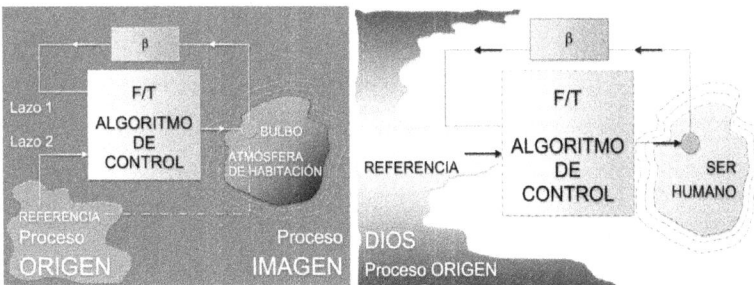

Figuras VII(A) y (B).
(A, izq.) Configuración básica de Control de un Proceso Universal, en este caso, de temperatura de una habitación.
(B, der.) Control de la Recreación de Dios en el Ser Humano.

NOTA.
Al alcance de todos, una introducción a los Sistemas de Con-

trol Universal y de Control de la Identidad Cultural Temporal del Ser Humano para regresar a, y mantener el estado primordial de sentirse bien en toda circunstancia de vida, puede revisarse en la referencia (A).3.

Para todos.

El reconocimiento primordial de Dios precede al proceso racional para entenderle.

El proceso para entender es un proceso de revisión y generación de pensamientos, de un flujo de información, en el que debe controlarse la asociación, la vinculación entre ellos con respecto a una referencia por la que se rige ese proceso. El reconocimiento que precede al proceso es el objetivo del proceso de entenderlo; y la referencia del proceso es la que tenemos en nuestra estructura cultural que no siempre tiene en cuenta la componente primordial del alma, los sentimientos, ni la orientación fundamental del proceso racional, la *eternidad* [Refs.(A).2, (A).3].

Por esto es que necesitamos revisar algo sobre los arreglos universales de control que podemos extender al control del flujo de pensamientos, de información en el proceso SER HUMANO, y su asociación en la estructura de identidad cultural temporal.

Esta analogía,

¿Qué tiene que ver con nuestro deseo de reconocer cómo nos llega y reconocemos la pulsación que nos dice de la presencia de Dios particularmente, por una parte, y que nos trae información a nivel primordial de Él como nuestro proceso ORIGEN, por otra parte?

Nuestra trinidad *alma-mente-cuerpo* es un sub-espectro de la TRINIDAD PRIMORDIAL sobre la que se establece y sustenta la FUNCIÓN EXISTENCIAL CONSCIENTE DE SÍ MISMA, la Consciencia Universal que ahora reconocemos como Dios.

El flujo de información contenida en la pulsación de la TRI-NIDAD PRIMORDIAL es reconocida por la trinidad humana, y este reconocimiento depende del proceso racional que se lleve a cabo sobre la trinidad humana *alma-mente-cuerpo*, de cómo se controle el flujo de información que le llega a la estructura de identidad cultural temporal que se desarrolla sobre la trinidad humana[Ref.(A).3].

Brevemente dicho, de cómo controlemos el flujo de información, la experiencia vivencial y los pensamientos, es que resultan las características de nuestras emociones culturales con respecto a las primordiales eternas con las que venimos a esta manifestación de vida temporal. Las emociones realimentan el proceso de desarrollo de nuestra identidad cultural, y afectan al estado de armonía o no con el proceso ORIGEN del que provenimos y somos partes inseparables. Las emociones son estados de resonancia, ya lo vimos, de exuberancia energética de nuestro arreglo de identidad, y por esa resonancia es que interactuamos con el proceso ORIGEN, con Dios.

El ser humano no aprende a pensar sino que viene con este atributo primordial. Lo que debe "aprender", o mejor dicho desarrollar, es su capacidad inherente para establecer adecuadamente las relaciones causa y efecto de sus observaciones y experiencias de vida, y a controlar los efectos de los pensamientos para mantener el estado primordial de sentirse bien. Sólo podemos sentirnos bien <u>bajo toda y cualquier circunstancia de vida</u> si estamos en armonía con el proceso ORIGEN [Refs.(A).2, (A).3 y (C).1].

Necesitamos saber cómo controlar el desarrollo de nuestra identidad cultural temporal para reconocer el proceso ORIGEN e interactuar conscientemente con Él [Ref.(A).3].

Como analogía para introducir el *arreglo de control de desarrollo de la identidad humana*, tomamos el arreglo simple de control de temperatura de una habitación.

El control de temperatura de una habitación es una aplicación con la que de alguna manera estamos bastante familiarizados, al menos conceptualmente, y con algunos elementos de ella. Además, tenemos la experiencia del control de temperatura en nuestro cuerpo, aunque no entendamos el proceso por el que ocurre. Y finalmente, el control de temperatura es el control de una relación primordial que aunque no interese a todos, en cambio, es oportuno señalarlo, nos abre el camino para entender aspectos de la pulsación del manto de fluído primordial en el que tienen lugar distribuciones de asociaciones de sustancia primordial y partículas primordiales, que son distribuciones que no alcanzamos físicamente sino por sus efectos como *campos de fuerzas primordiales*, y entre esos campos están los de las dos fuerzas fundamentales de la estructura de Consciencia Universal, las fuerzas de *amor y temor*, fuerzas que en nuestro universo material corresponden a las *fuerzas primordiales de asociación y disociación* respectivamente.

Y todavía más.

El arreglo de control universal que veremos en esta analogía simple tiene una configuración energética trinitaria, tal y como lo es la configuración de control inherente al arreglo *alma-mente-cuerpo* sobre el que se establece, define y sustenta el proceso SER HUMANO.

El control de temperatura es el control de una relación primordial a través de sus efectos en nuestro dominio material.

El efecto es el cambio en el volumen de un bulbo de mercurio que sirve de detector de temperatura con respecto a una referencia dada por el estado energético del agua (0 grado centígrado corresponde al punto de congelamiento del agua, y 100 grados centígrados corresponde a su punto de ebullición).

Insistimos en que nosotros no detectamos la relación primordial (que definimos como temperatura) a la que no llegamos físicamente sino por sus efectos: por el cambio de volumen del detector.

—

38

Lo mismo ocurre con los cambios de las fuerzas primordiales: no llegamos a los cambios en las distribuciones de partículas primordiales sino a sus efectos en nuestros detectores en nuestro dominio material.

Pues bien. La causa de lo que detectamos en nuestro dominio material es algo que se halla en el dominio primordial, en el dominio no-material, no-físico como se dice habitualmente, en el dominio al que no llegamos por los sentidos ni la instrumentación sino por sus efectos en nuestros arreglos materiales (como el bulbo de mercurio) y por la experiencia en nuestro cuerpo o arreglo biológico. Es lo que ocurre con los *sentimientos primordiales*, que son las experiencias de pulsaciones del manto de fluído primordial y su nivel local, nuestro manto energético universal, en un sub-espectro al que no llegamos con los sentidos materiales sino con todo el arreglo de las moléculas de vida, de las moléculas ADN del cuerpo humano.

Veamos el control de temperatura de la habitación y luego la analogía con el control del proceso SER HUMANO.

En el control de temperatura de una habitación deseamos controlar la temperatura de ella con respecto a un valor de referencia. Para ello controlamos el flujo de energía (aire caliente o frío) que ingresamos a la habitación para compensar los efectos de lo que tiene lugar dentro de ella y de la influencia del exterior a través de paredes y aberturas, puertas y ventanas.

Notar que controlamos el ingreso de un flujo de energía a la habitación; de una cantidad de energía en el aire caliente o frío con el que se va a producir un intercambio con la energía que hay en el aire de la habitación.

Notemos los diferentes entornos de la variable de proceso. Un entorno es la atmósfera de la habitación; otro es el del aire que ingresa; y otro es el del bulbo de mercurio o del detector de temperatura. Son tres dimensiones energéticas diferentes en los que se tiene una misma relación por la que se define a la misma única variable de control, *temperatura*, cuyo intercambio se desea mantener en un valor dado, de referencia, en la habitación.

El detector detecta la temperatura de la habitación y lleva ese valor a un comparador (a la entrada del módulo F/T) que la compara con la referencia y de acuerdo a la diferencia el procesador F/T abre o cierra una válvula de control de flujo de energía, de control de flujo de aire caliente o frío que ingresa a la habitación por lo que se mantiene la temperatura al valor deseado, al valor de referencia.

Una vez que se alcance la temperatura deseada, el controlador F/T va a abrir y cerrar la válvula de admisión de aire frío o caliente a la habitación cada vez que haya una diferencia dada entre la temperatura real y la de referencia, usualmente de alrededor de uno, medio, o un cuarto de grado; depende de qué tan fino se desee que sea el control.

La realimentación β se debe a que la temperatura que se mide con el bulbo de mercurio en la habitación a veces se toma con un detector que genera una señal eléctrica en correspondencia con la temperatura medida, y esa señal se dice que está condicionada con una función determinada, y además debe proveerse una realimentación negativa, de manera que si la temperatura crece con el flujo de aire suministrado, el controlador reduzca el flujo cerrando la válvula; y viceversa. Para quienes tienen inquietudes en el arreglo de control a nivel técnico, hay un juego de intercambio energético entre dos entornos con diferentes constantes de tiempo, con diferentes rapideces de cambio de temperatura (habitación y fuente externa), frente a un detector a otra constante de tiempo muy rápida (por su reducido volumen).

Ahora al arreglo de control del proceso SER HUMANO.

Obviamente estamos tratando de reconocer una analogía entre un arreglo de control de un proceso simple de intercambio de energía entre dos volúmenes de aire, el de la habitación y el suministrado desde el exterior, y un arreglo de un complejo proceso energético, el del cuerpo del ser humano, y de interacciones entre estructuras de información en su mente.

¿Es posible tal analogía?

Es posible mientras vayamos reconociendo que si en el caso de la habitación lo que se controla es el intercambio de energía entre moléculas de aire, en el caso más complejo del ser humano lo que se trata de controlar es el intercambio de información existencial en su mente (no vamos a hablar del intercambio energético en el cuerpo. El intercambio energético en el cuerpo es para sustentar el proceso racional por el que se establecen las relaciones causa y efecto que definen su identidad cultural temporal, por un lado, y las interacciones entre los componentes del flujo de información existencial que recibe, por otro lado).

¿Por qué controlar este intercambio?

Antes que nada, ya lo hacemos continua, permanentemente aunque inconscientemente, y ahora tratamos de asumir el control estando conscientes de ello.

Ahora bien.

De cómo hagamos el intercambio de información existencial en nuestro arreglo de identidad cultural temporal es que resultan las emociones, nuestro estado emocional: felicidad o infelicidad y sufrimiento [Ref.(A).3].

En el caso de la habitación, la variable de control del intercambio de energía es la temperatura.

En el caso del proceso SER HUMANO, la variable de control es el estado emocional; son las *emociones primordiales* (no las versiones culturales). Obviamente ya estamos frente a la primera gran complejidad, pues estamos hablando de una colección de e-

---

mociones, no de una; estamos hablando de una *super variable*, el estado emocional, pero cada una de ellas tiene una referencia, y todas juntas tienen una referencia común, el *estado de sentirse bien*, lo que simplifica nuestra aproximación al control de nuestro propio estado de sentirnos bien [Ref.(A).3].

En el caso de la habitación, la referencia es una temperatura dada. La temperatura es un aspecto de las interacciones entre las partículas, moléculas del aire, cuyo efecto es la temperatura, y la temperatura de referencia es la temperatura para la que nos sentimos bien en ese ambiente energético, la habitación.

En el caso del proceso SER HUMANO, sentirse bien es el efecto de un arreglo de relaciones causa y efecto en la estructura de identidad cultural temporal del individuo.

Sentirse bien en el proceso SER HUMANO es el efecto sobre nuestra identidad al estar ésta en armonía con la identidad primordial, nuestra referencia.

Hasta aquí es donde necesitamos visualizarnos como un arreglo de control del flujo de información existencial que nos llega a nuestro arreglo de identidad.

Los aspectos de control pueden ser explorados en la referencia (A).3, Apéndice. Ahora nos interesa la estructura trinitaria sobre la que se encuentra el arreglo de control del proceso SER HUMANO.

El arreglo de control del proceso SER HUMANO es inherente a la estructura trinitaria *alma-mente-cuerpo* que sustenta el proceso SER HUMANO; y nos interesa nuestra trinidad porque es parte inseparable de la TRINIDAD PRIMORDIAL sobre la que se sustenta la dimensión *Madre/Padre* de la Consciencia Universal a Quién llamamos Dios.

Nuestra trinidad tiene un componente energético, el alma, en la dimensión primordial, en la misma dimensión que la de Dios, <u>por lo que ella tiene la capacidad de reconocer la información de Dios contenida en la pulsación primordial</u>. Nosotros los seres humanos venimos con esta capacidad en un nivel básico desde el que la desarrollamos sólo por interacción con la Consciencia Universal, para "saltar" o trascender a otra dimensión de Ella.

¡ATENCIÓN!
La componente primordial del proceso SER HUMANO está en el hipotálamo, y a la estructura de proceso que se halla dentro de él le llega toda la información del proceso universal a través de los sentidos, las estructuras de memoria, y la integración de la pulsación primordial que tiene lugar en toda la superficie de interacción con el manto energético universal, la piel.

Una vez que reconocemos que tenemos una estructura de control del proceso SER HUMANO a la que podemos llegar por uno mismo, tanto para sentirnos bien como para crear la experiencia de vida que deseamos o un propósito para la circunstancia por las que debemos atravesar en un momento dado de nuestra vida o para la que llegamos a esta manifestación temporal, nuestra capacidad energética para interactuar concientemente con Dios a través de la pulsación del manto energético (capacidad que reside en la naturaleza resonante de las moléculas de vida, de las moléculas ADN) queda bajo nuestro control dependiendo exclusivamente de nuestra decisión.

Las emociones son estados de resonancias de arreglos de moléculas de vida.

Las moléculas ADN son complejas unidades de resonancia; son unidades de inteligencia capaces de interactuar con otros arreglos en un sub-espectro particular y de generar resonancias, estados de exuberancia o depleción energética frente a esas interacciones. Esas resonancias le dicen al manto energético universal, a la inteligencia de vida contenida en su arreglo de pulsación, de estas interacciones. Estas interacciones tienen lugar durante el proceso de evolución de redistribución energética en el manto universal, de manera que ahora sólo tienen lugar, en nuestro entorno, las interacciones a nuestro nivel, en nuestra dimensión de consciencia universal. Lo que ocurre con las formas de vida presente es de nuestra responsabilidad. La información primordial que les dio lugar se encuentra ahora en otro entorno del manto energético universal.

Mostramos a continuación otras ilustraciones simplificadas del arreglo de control del proceso SER HUMANO donde se quiere destacar la estructura en "capas de cebolla" del arreglo de identidad del proceso SER HUMANO, Figura VII(C.1), indicadas por las realimentaciones β_1, β_2, β_3...

Regresando a la configuración de la Figura VII(B) que mostramos al principio de esta sección, se nos plantea la inevitable pregunta,

si la especie humana, la colección de unidades de proceso SER HUMANO, es la recreación del proceso Origen, de Dios, entonces ¿Qué o Quién controla la recreación [representado por el módulo F/T, el Algoritmo de Control, en la Figura VII (B)]?,

a la que luego responderemos (en la Parte II).

Veamos ahora un detalle energético del control de intercambio de energía en el aire, en la atmósfera de una habitación.

NOTA.

Quienes no desean introducirse en los detalles energéticos que siguen en el próximo apartado pueden saltear el tratar de entenderlos, pero es sumamente conveniente que lleguen a leer los últimos párrafos en negritas. Lo que nos interesa a todos tener presente de este aspecto energético, es el concepto que se menciona allí, en esos párrafos, hecho realidad en el ser humano; es de aplicación directa entre el proceso SER HUMANO y el proceso ORIGEN, Dios, y a la vinculación energética entre ambos a la que también tratamos de alcanzar, reconocer y usar todos, inconsciente o conscientemente.

Más elaborada energéticamente.

Hay una consideración sumamente importante para quienes quieren profundizar en esta analogía, y es que usualmente en la configuración de control colocamos un lazo de realimentación (lazo 1) para el detector, y tenemos una referencia de control que está fuera del entorno del proceso a controlar. Pero en la realidad, en los procesos naturales, ocurre lo que planteamos aquí con el bulbo de temperatura, que tiene la función de ambos, del detector de temperatura y de referencia, a través de un estado particular del volumen de mercurio del bulbo.

Este pequeño detalle nos confunde en la analogía y por eso conveniente tenerlo en cuenta.

Consideramos que en la Figura VII(A) el proceso a ser controlado es la temperatura de una habitación, y que la referencia es dada por algo que está a la temperatura que deseamos o que la representa (por ejemplo, con el valor de la expansión de un volumen de mercurio que corresponde a esa temperatura deseada).

Lo que determina la temperatura de referencia en el dispositivo energético de referencia (el bulbo de mercurio) es un proceso en una dimensión energética diferente pero absolutamente análogo al que tiene lugar en la atmósfera de la habitación.

La temperatura de la atmósfera de la habitación es lo que nos interesa mantener al valor deseado.

Luego, el proceso energético que mantiene la temperatura en la atmósfera de la habitación es una réplica del proceso que determina la temperatura del bulbo de mercurio y cuya expansión y contracción se usa como detector de la temperatura de la habitación.

Los procesos de interacciones entre los átomos y las mo-

léculas de la atmósfera de la habitación y del bulbo de mercurio son los procesos IMAGEN (resultado) y ORIGEN, (referencia) respectivamente; y esos procesos de interacciones entre átomos y moléculas en diferentes entornos energéticos tienen la misma característica que hace que sus temperaturas sean iguales.

En el proceso SER HUMANO su referencia es un aspecto del proceso ORIGEN, un aspecto de Dios que se halla en su alma, en el componente primordial de la trinidad *alma-mente-cuerpo,*

« Estáis hechos a imagen y semejanza Mía ».

La misma confusión que podemos tener con el detector, con el bulbo de mercurio que se halla en el mismo ambiente energético a controlar, en la habitación, es lo que ocurre con el proceso SER HUMANO que se halla en el mismo manto en el que se encuentra el proceso ORIGEN, Dios.

El ser humano es una unidad de inteligencia ("instrumento de vida, detector") del proceso existencial consciente de sí mismo.

« No necesitas instrumentos para llegar a Mí. Tú eres instrumento (de vida) » [Ref.(A).4, Libro 1].

Proceso SER HUMANO

Unidad de información e interacción del proceso de Evolución Universal

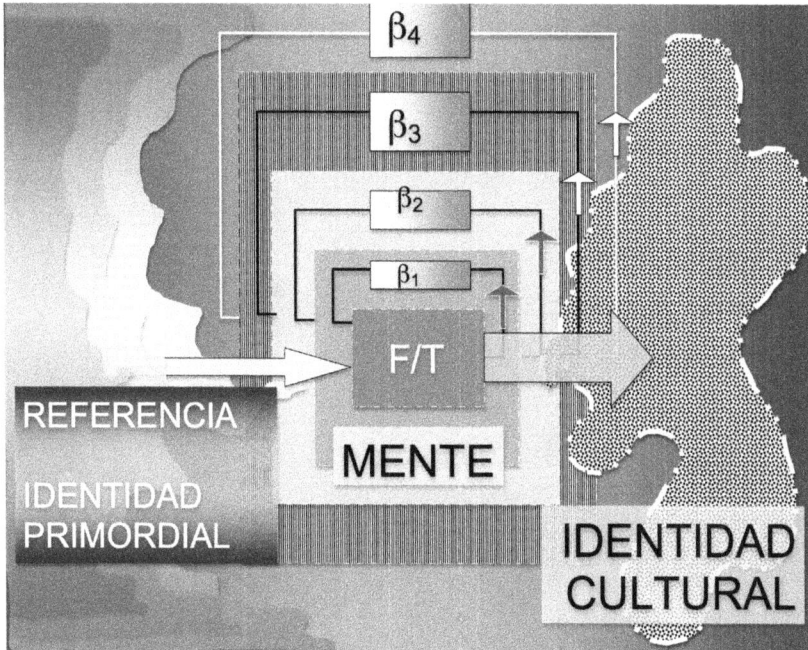

Figura VII(C.1).

El desarrollo de una forma de vida, de una unidad de inteligencia del proceso existencial, se realimenta a través de su interacción con la dimensión *Madre/Padre* de la Consciencia Universal que transfiere la información de vida a través de un protocolo que tiene lugar en la estructura de intermodulación del manto energético universal (Mente Universal).

El resultado de la interacción se realimenta, tomándolo como referencia de la etapa siguiente, en forma análoga a como

ocurre ahora con la especie humana para el desarrollo consciente de nuestra identidad cultural temporal.

En la Tierra ya no recibimos las componentes elementales de
la información de vida universal que estaban presentes durante el
período inicial de concepción de las formas de vida en la Tierra,
hace millones de años. Ahora sólo tenemos los sub-espectros de
interacción entre las formas de vida superiores.

Para estimular la reflexión individual.

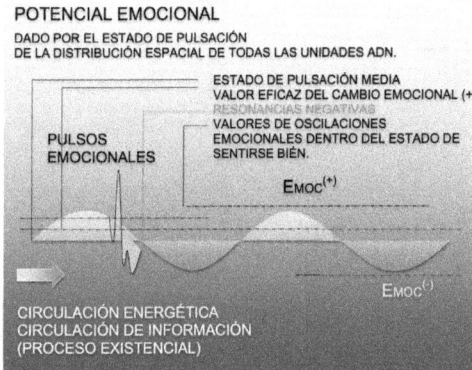

POTENCIAL EMOCIONAL
DADO POR EL ESTADO DE PULSACIÓN
DE LA DISTRIBUCIÓN ESPACIAL DE TODAS LAS UNIDADES ADN.

ESTADO DE PULSACIÓN MEDIA
VALOR EFICAZ DEL CAMBIO EMOCIONAL (+)
RESONANCIAS NEGATIVAS
VALORES DE OSCILACIONES
PULSOS
EMOCIONALES
EMOCIONALES DENTRO DEL ESTADO DE
SENTIRSE BIÉN.

$E_{MOC}^{(+)}$

$E_{MOC}^{(-)}$

CIRCULACIÓN ENERGÉTICA
CIRCULACIÓN DE INFORMACIÓN
(PROCESO EXISTENCIAL)

Figura VII(C.2).

La estructura de identidad reacciona y cambia su estado de pulsación media (estado de sentirse bien) frente a eventos del proceso vivencial; cambia el estado emocional. Esos cambios generan
liberaciones de energía, pulsos, que a su vez causan generación
y, o liberación de moléculas o enzimas que afectan partes de la
estructura biológica y funciones que sustentan[Ref.(C).6]. Lo sabemos.
Pero aquí interesa destacar el efecto de las emociones culturales
sobre la estructura de identidad temporal que inhibe o limita el
reconocimiento de los pensamientos desde Dios[Refs.(A).2 y (A).3].

Control del proceso SER HUMANO

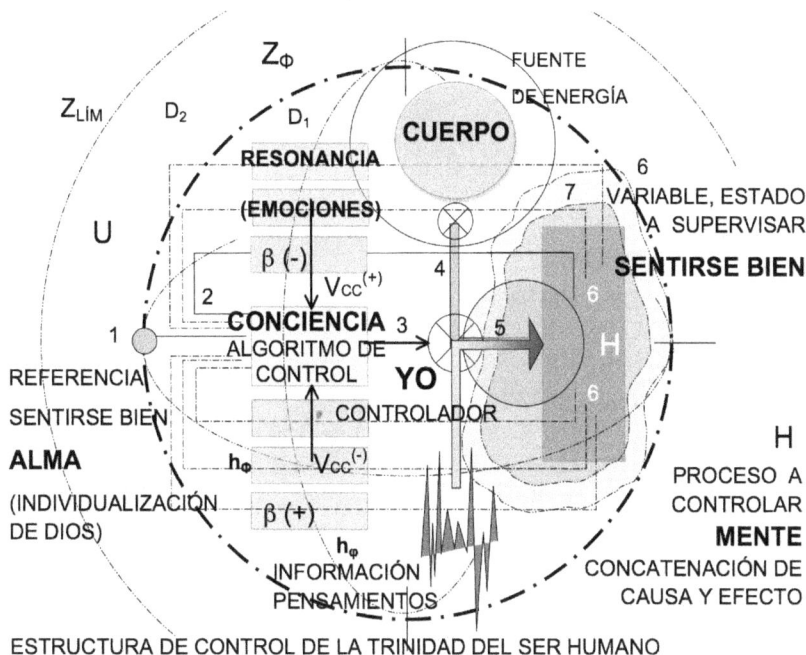

ESTRUCTURA DE CONTROL DE LA TRINIDAD DEL SER HUMANO

Figura VII(D).
Estructura de control del arreglo de identidad del proceso SER HUMA-NO.

El proceso que se reconoce a sí mismo controla permanente-mente su estado de sentirse bien en sus tres arreglos energéticos *alma-mente-cuerpo* sobre los que se sustenta el proceso SER HUMANO.

Esta estructura es análoga a la TRINIDAD PRIMORDIAL que controla el proceso existencial, y que energéticamente nos permi-te reconocer y describir el *Sistema Termodinámico Primordial* y establecer la Teoría Unificada del Universo[Ref.(A).1].

Relación entre Dios y Ser Humano

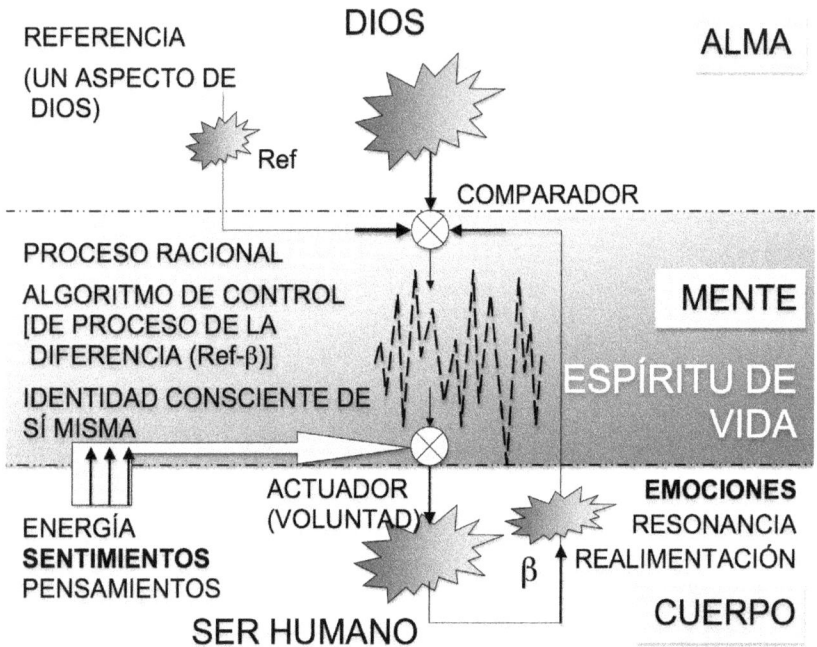

REFERENCIA **DIOS** **ALMA**
(UN ASPECTO DE
DIOS)

Ref

COMPARADOR

PROCESO RACIONAL

ALGORITMO DE CONTROL **MENTE**
[DE PROCESO DE LA
DIFERENCIA (Ref-β)]

IDENTIDAD CONSCIENTE DE **ESPÍRITU DE**
SÍ MISMA **VIDA**

ACTUADOR **EMOCIONES**
ENERGÍA (VOLUNTAD) RESONANCIA
SENTIMIENTOS β REALIMENTACIÓN
PENSAMIENTOS
CUERPO
SER HUMANO

Figura VII(E).
Unidad Binaria Absoluta Dios-Ser Humano.

La especie humana es un proceso consciente de sí mismo que es parte inseparable de la FUNCIÓN EXISTENCIAL Consciente de Sí Misma, DIOS. En realidad, la Consciencia Universal, Dios, dimensión de la Consciencia Primordial, DIOS[*], transfiere la experiencia de consciencia a cada ser humano. La consciencia no reside en el cuerpo humano sino en el espacio, en el manto energético; en la intermodulación del manto energético.
[*] Ver secciones X y XIX.

X

Dios

Proceso ORIGEN del proceso SER HUMANO

Científicamente, Dios es la Inteligencia de Vida que dio lugar al proceso UNIVERSO, y por éste, a la manifestación de vida universal y la especie humana.

Dios, definido por Sí Mismo y reconocido por la Teología, y por muchos individualmente, es *Verdad, Amor y Regocijo* [Ref.(C).1].

El aspecto fundamental del proceso existencial, ya sea energéticamente como proceso ORIGEN o como la Consciencia Universal, Dios, es su eternidad, aspecto que también es reconocido por ambas disciplinas del proceso racional, la Ciencia y la Teología,

« La Verdad (eternidad) no puede ser negada »;

"La energía no se crea ni se pierde, sólo se transforma";

"Nada puede ser creado de la nada. El proceso existencial es resultado de una presencia eterna de sustancia primordial de la que todo se genera y recrea",

« ¿No les he dicho que ustedes y YO estamos hecho del mismo "polvo de estrellas" (sustancia primordial)? »

Luego, para describir más adelante a Dios vamos a comenzar entonces por eternidad en la próxima sección.

Eternidad estimula a todos, absolutamente a todos, piensen en ella o no, crean en ella o no, sean conscientes de ella o no, pues es un aspecto primordial de la Consciencia Universal; es un aspecto por el que se estimula el desarrollo de la capacidad racional de las nuevas generaciones del proceso de recreación de sí mismo del proceso ORIGEN, del proceso al que nos vamos a introducir en este libro.

Haremos algo más.

Nos introduciremos a un *super proceso*, a un proceso de control de recreaciones de un proceso ORIGEN; o en palabras menos rimbombantes, nos introduciremos a un proceso de control en otra dimensión existencial, en otra dimensión de la Consciencia Universal. Después de todo, las complejidades que nos llevan al uso de adjetivos superlativos no son más que resultado de las dimensiones de consciencia en las que nos encontramos, en las que nos "movemos" frente a lo que observamos, exploramos, experimentamos.

Mencionemos algo rápidamente sobre las Figuras VII(A... E).

Conforme al reconocimiento acerca de que todo proceso existencial da por resultado lo que tiene como referencia[Ref.(A).3], el proceso UNIVERSO, del que resulta el proceso SER HUMANO, es el resultado de un proceso cuya referencia es el proceso ORIGEN. El proceso ORIGEN, la referencia, es eterna, no cambia nunca. Este reconocimiento nos va a llevar a entender que cada recreación del proceso ORIGEN resulta en un proceso UNIVERSO que tiene todas las mismas componentes del ORIGEN, pero en diferente configuración espacio-tiempo de esas componentes; es decir, recurriendo a una analogía, es como tener una esfera llena de bolitas, cada una de un color diferente; el contenido de bolitas no cambia nunca, pero cada vez que sacudimos el contenedor se obtiene una distribución diferente de colores, es decir, resulta una configuración, una *identidad temporal diferente*, manteniendo la identidad absoluta dada por todas las bolitas. Cada sacudida del contenedor es un "big bang" para la identidad del contenedor.

En relación a esto de que el proceso UNIVERSO tiene todo lo del proceso ORIGEN del que proviene, pero en un arreglo o distribución de partes particular diferente al previo, es oportuno recordar la orientación primordial,

« Vosotros estáis hechos a imagen y semejanza Mía »,

y aún más,

la suma de las especies de vida conforma la estructura de interacciones de la Consciencia Universal, Dios...

¡Oh, Dios!

¿Qué tanto eres Tú?

Dios es la Unidad Existencial;

Dios es Todo Lo Que Es, Todo Lo Que Existe;

Dios es el proceso ORIGEN;

Dios es la referencia de un proceso que resulta en el proceso UNIVERSO, y a través de éste cada aspecto de Dios resulta en los individuos del proceso SER HUMANO;

Dios es la referencia de un proceso, y es también el resultado del mismo. ¿Puede ser? ¿Cómo? Si el resultado es lo mismo que la referencia, entonces ¿qué existe entre la referencia y el resultado, y para qué?;

Dios es la Consciencia Universal, es la componente FUNCIÓN EXISTENCIAL CONSCIENTE DE SÍ MISMO del proceso existencial absoluto (¿Qué pasó? ¿Acaso no se dijo antes que Dios es Todo Lo Que Es, Todo Lo Que Existe?);

Dios es *Verdad, Amor, Regocijo*;

Dios es Amor, y Amor es la suma de las emociones así como el color blanco es la suma de los colores;

Dios se recrea a través del ser humano, y el ser humano experimenta los aspectos de Dios en sí mismo;

Dios y el ser humano son inseparables; ambos son los componentes de la Unidad Binaria de la Estructura de Consciencia Universal. Esto confirma al ser humano con la misma naturaleza de Dios, y más aún, lo pone al mismo potencial que... ¡que Dios! (*«¿Acaso no les dije que ustedes son diositos, Mis niños en desarrollo hacia Mí?»*);

Dios es Esto; Dios es Aquéllo...

¿Hay alguna manera de ordenar todas estas interpretaciones y, o atributos o aspectos de Dios?

Es lo que haremos en este libro.

—

En la sección XIX veremos Quién es DIOS, y Quién es Dios, aunque vamos adelantando constantemente que Dios es la Consciencia Universal, la dimensión en nuestro universo de DIOS o de la Consciencia Primordial que tiene lugar en la Unidad Existencial de naturaleza binaria de la que nuestro universo es uno de sus dos componentes.

Y falta algo más, una verdad que es parte de lo que realmente es Dios, que nuestra civilización humana presente en la Tierra no sólo no puede aceptar sino que se niega absolutamente a considerarlo. Frente a la consideración de ese componente como parte de Dios, la identidad cultural del ser humano sufre una severa conmoción porque ese "algo" choca totalmente con lo que se le ha enseñado e inducido como parte fundamental de su identidad individual cultural temporal en relación con Dios. La interpretación de Dios por la civilización humana en la Tierra es limitada, y hasta distorsionada culturalmente. Esta interpretación es parte de la identidad cultural temporal colectiva de la especie humana presente en la Tierra, por lo que resulta tan difícil estimular el reconocimiento que se requiere para poder rectificar la interpretación, y con la rectificación poder ponernos en el camino de desarrollo en armonía[Ref.(A).3] con el proceso ORIGEN del que provenimos.

¿Por qué querríamos ponernos en el camino de desarrollo en armonía con el proceso ORIGEN?

Nos lo ha sido dicho innumerables veces, y seremos recordados una vez más aquí.

XI

Salto a la eternidad

Desde aquí, y ahora, en el presente

Eternidad es un concepto absolutamente abstracto que en cierto sentido jamás se completa, jamás se alcanza que se haga realidad, pues jamás cesa el proceso para hacerse realidad.

¡Vaya paradoja!

Podemos creer en la eternidad, pero para hacerla realidad tenemos que vivir... eternamente, sin fin; sin hacerla realidad nunca, de acuerdo a la interpretación del concepto de eternidad.

Entonces, cabe preguntarse,

¿Acaso es posible hacer realidad la eternidad, desde aquí y ahora, en el presente?

Sí, es posible.

¿Cómo?

Entendiendo, alcanzando la *consciencia de eternidad*, que es muy diferente al *concepto de eternidad*.

El concepto es un pensamiento o una idea que sirve de referencia al proceso racional para hacerlo realidad, al concepto, en nuestro dominio presente de consciencia, de entendimiento.

Por ejemplo, vemos un río y pensamos en un puente.

El puente es la representación, imagen, pensamiento o idea que simboliza al concepto primordial de establecer un camino, una senda o espacio transitable en nuestra condición temporal, o una unión entre dos puntos de nuestro espacio separados por un entorno en otra dimensión energética (el agua del río).

Luego,

el *concepto de puente* es la estimulación que pone en mar-

cha el proceso racional para hacer realidad el puente,
para construirlo a partir de los recursos disponibles en nuestro ambiente, y cruzar por él; y la idea o la imagen particular que se presenta en la mente es la referencia del proceso racional para hacerlo realidad.

Luego, dependiendo de la experiencia que tengamos, de cuantos puentes hayamos visto y en los que hayamos trabajado, o sobre los que nos hayamos informado, es que depende la decisión que vamos a tomar. Es decir, nuestra decisión depende de la *consciencia de puente* que tengamos, del conocimiento de puentes que tengamos.

Igualmente ocurre con el concepto de eternidad.

Eternidad, la vida sin fin, es un concepto primordial que mueve el proceso racional para buscar entender el mecanismo por el que algo que evoluciona hacia un estado de "muerte", de cese de vida (conforme a nuestras experiencias temporales en este dominio material), no ocurra sino que pueda continuar sin fin.

Los conceptos primordiales provienen del proceso ORIGEN; no los genera el ser humano.

Un pensamiento desde el proceso ORIGEN causa el concepto eternidad en la mente humana cuando ésta ya se encuentra lista.

El mecanismo que se encuentre para hacer realidad la eternidad dependerá de nuestra consciencia, de la información (que incluye las experiencias de vida) de la que se disponga para decidir, en este caso es para "encontrar", o mejor dicho, es para reconocer ese mecanismo.

¿Dónde vamos a encontrar ese mecanismo?

En el proceso ORIGEN, ¿dónde más podríamos hallarlo?

El mecanismo en sí, conceptualmente, es simple. A lo que aquí nos referimos es al mecanismo por el que los procesos UNIVERSO y SER HUMANO se "hacen" (son) eternos, a pesar de que toda la información válida, irrefutable, nos muestra que las estructuras energéticas que sustentan esos procesos son temporales.

Conceptualmente, el mecanismo obvio es la recreación sin fin, un mecanismo que ya practicamos y al que llamamos reproducción.

No obstante, y como acabamos de decir, la experiencia nos muestra que en nuestro universo todo evoluciona hacia la decadencia energética; y hasta el mismo universo evoluciona hacia su propia "muerte", hacia el cese de su actividad como un generador de estaciones de vida, de planetas como la Tierra.

Y es aquí, frente a esto último, donde juega su mejor papel la capacidad racional del ser humano: la de poder trascender el dominio temporal en el que vive ahora, y hacer realidad la eternidad en ese "salto", en esa trascendencia a otro dominio del proceso existencial. Es decir, la consciencia de eternidad se alcanza aquí y ahora, en la Tierra, en este dominio temporal de la existencia, por la trascendencia de la capacidad racional a otro dominio de existencia a donde puede transferirse cuando en éste cese la vida, o mejor dicho, cuando en éste cesen las condiciones energéticas que sustentan la vida, y lo que quede de nuestro universo vaya a su ciclo de recarga energética.

¿Es eso lo que realmente ocurre?

Y si eso es lo que ocurre, ¿es posible visualizar algo así en un universo inmensurable, infinito?

Sí, lo es. Ocurre así y podemos visualizarlo.

Nosotros, en el sistema solar, ya experimentamos una versión del proceso que tiene lugar en el universo.Ref.(A).1, sección Transferencia de Vida.

Ahora bien.

La vida es eterna.

Si la vida no fuera eterna, no tendría ningún sentido nada de lo que hacemos.

Lo sabemos, pero, a pesar de saber que somos eternos, no podemos evitar temer a la supuesta muerte, al cambio de estructura energética que necesitamos para seguir sustentando el proceso SER HUMANO eterno a través de la secuencia sobre innumerables estructuras energéticas temporales.

¿Por qué tememos?

Porque no tenemos consciencia de eternidad.

Porque saber por tener la información no es conocer, no es tener consciencia.

Tener la información no es saber; algo debemos hacer para saber realmente, para entender, para hacernos conscientes de eso de lo que estamos informados, de lo que decimos que "sabemos", es decir, para que eso que "sabemos" lo hagamos parte de lo que nos define y por lo que vivimos. Por eso es que a pesar de tener un gran desarrollo intelectual en nuestra especie, no necesariamente nos ha conducido a la consciencia, al entendimiento del proceso existencial.

La consciencia es resultado de experiencias y, o interacciones por las que se desarrollan relaciones causa y efecto que debe ser incorporadas a la estructura de *identidad cultural temporal*, y comparadas frente a un arreglo primordial. Y <u>sólo hacemos realidad nuestra identidad... ¡viviendo por ella!</u>

Ahora bien.

¿Contra qué arreglo primordial en relación a la eternidad vamos a comparar nuestra identidad cultural temporal para desarrollar consciencia, entendimiento de la eternidad, si no hemos reconocido, y menos entendido, ningún arreglo eterno?

Que no hayamos podido reconocer ningún arreglo primordial es debido, fundamentalmente, al temor cultural.

Veamos rápidamente.

El alma reconoce la eternidad, pero la *identidad cultural* se ha desarrollado por relaciones de causa y efectos en el dominio temporal, y por ello teme a la muerte, a su separación del dominio en el que, y por el que se define.

Temor es un sentimiento primordial de prevención, por una parte, y es también una *emoción* que se genera por nuestra separación del ambiente energético y social que nos sustenta temporalmente, o por ruptura o disturbio en la estructura de relaciones causa y efecto por la que se define nuestra identidad cultural temporal desarrollada, precisamente, en el ambiente energético y social en el que nos encontramos. La emoción de temor por la separación es correcta, es natural, pero la versión cultural desarrollada es lo incorrecto, o tal vez sea mejor dicho que es incompleta por ignorancia, por falta de consciencia de la eternidad. Por eso es que recibimos la orientación fundamental desde el proceso O-RIGEN,

« Yo Soy, Dios,
Quién te liberará de la esclavitud,
del temor y la ignorancia (la falta de consciencia) ».

El temor nos inhibe de reconocer información primordial, no importa que tanta información tengamos de este dominio material, temporal de la existencia. Podemos no tener miedo a nada, pero nuestro desarrollo de identidad cultural temporal se hizo a instancias de la inducción desde el grupo social al que pertenecemos y que se ha desarrollado por temor por el que no puede desarrollar una interacción con aspectos del dominio primordial que necesitamos incorporar en nuestro arreglo de identidad y hacerlos realidad viviendo por ellos. Por ello no hemos aprendido a interactuar conscientemente con el dominio primordial del proceso ORIGEN. La interacción con el dominio primordial, con la dimensión del proceso ORIGEN en el sub-espectro que no se alcanza por los sentidos materiales (vista, oído, olfato, gusto y tacto) sino con la mente, nos permite eventualmente hacernos conscientes de la eternidad al incorporar a nuestro arreglo de identidad la información primordial alcanzada en esa interacción.

Tememos a la muerte porque no somos conscientes de la eternidad.

No podemos hacernos conscientes de la eternidad porque no vivimos por ella; porque no incorporamos el concepto de eternidad (recreación indefinida, incesante) para regir nuestro desarrollo racional en relación al concepto que deseamos

---

hacer realidad.

**Podemos creer en la eternidad, pero no se hará realidad si-
no hasta comenzar a vivir por ella, por lo que creemos.**

Cuando debemos cruzar un río y sabemos por experiencia cómo cruzarlo, cuando tenemos consciencia de cómo cruzarlo, ya
no tememos encontrar ríos en nuestro camino. No nos detendrán.

Lo mismo debemos lograr frente a pasar a otra etapa del proceso eterno a través de una trascendencia a la que ahora tememos.

**Para tener realmente consciencia, entendimiento de eter-
nidad, debemos interactuar con el dominio primordial (espiritual o no-material) pues es por esta interacción que se hace
realidad la eternidad en nuestro arreglo de identidad.**

**El arreglo de identidad es un arreglo de relaciones causa y
efecto, y si incluye las relaciones que son parte del proceso
eterno, la identidad se reconoce eterna... ¡y vive en la eternidad en todo instante!**

**La eternidad se hace realidad a través de un proceso que
tiene lugar en los dos dominios de la existencia; no podemos
hacer realidad algo del que excluímos un sub-espectro existencial en el dominio primordial que es parte de ese algo. Las
manifestaciones espirituales, primordiales, son partes de la
realidad existencial, no sólo las que alcanzamos con los sentidos materiales.**

En general, los pensamientos provienen del proceso ORIGEN
o de nuestra estructura de memoria vivencial cultural temporal.

Los pensamientos, todos, son estructuras de información del
proceso existencial, de la vida, de la fenomenología energética u-
niversal, de las interacciones con otros individuos y manifestaciones de vida; son señales, excitaciones o estimulaciones del proceso racional que se pone en marcha para alcanzar el propósito
por el que se presenta el pensamiento en el arreglo de identidad
del proceso SER HUMANO.

Los pensamientos se generan voluntariamente, se les "llama" o invocan voluntariamente conforme a una intención que es también un pensamiento; y se "pescan" o se presentan espontáneamente desde otras fuentes que no están en nuestra estructura de memoria, pero que están siempre en el mismo y único manto energético universal, son parte de la misma y única Mente Universal.

Entonces, aquí nos interesa reconocer la estructura primordial del proceso ORIGEN que genera los pensamientos primordiales que sirven de orientaciones para el desarrollo de consciencia del ser humano, del proceso SER HUMANO que es sub-proceso temporal del proceso ORIGEN (o un sub-espectro del mismo).

Esta estructura es la TRINIDAD PRIMORDIAL por la que se establece y define la Forma de Vida Primordial, cuya pulsación modula el manto energético universal, y por éste se distribuye por todo el universo, por toda la Unidad Existencial de la que el universo es parte.

Dios se define por *Verdad, Amor, Regocijo.*
La Verdad absoluta es la eternidad del proceso existencial consciente de sí mismo.

Eternidad es la estimulación fundamental desde el proceso existencial, desde el proceso racional consciente de sí mismo (desde la FUNCIÓN EXISTENCIAL CONSCIENTE DE SÍ MISMA) para excitar el desarrollo de consciencia, de entendimiento del proceso existencial de sus componentes temporales y de la relación con los procesos ORIGEN, UNIVERSO y SER HUMANO.

Nuestro proceso ORIGEN, ¿es temporal? ¿Es temporal Dios?

Pronto entenderemos (Partes II y III).

Una vez que somos conscientes de nuestras capacidades y de la consciencia de placer (*Regocijo*) deseamos perpetuarnos. Por eso llevamos impresa en nuestro arreglo de vida, en nuestro arreglo molecular ADN, la inquietud de la eternidad, cuyo concepto nos llega por el mismo mecanismo por el que podemos reconocer

JUAN CARLOS MARTINO

el concepto de Dios, pues eternidad es uno de los tres aspectos que definen a Dios que acabamos de mencionar más arriba.

Regocijo, el disfrute de sí mismo del proceso existencial consciente de sí mismo, de sus capacidades y atributos, es su propósito absoluto, primordial, final.

Amor es el algoritmo de vivencia en armonía con la referencia absoluta por la que disfrutar eternamente el proceso existencial; es el algoritmo de vivencia en armonía con nuestro proceso ORIGEN que lleva en sí mismo la referencia absoluta cuya versión nosotros reconocemos como el estado de sentirse bien permanentemente en toda circunstancia de vida, o al que regresamos desde cualquier estado temporal desde el que creamos el camino para regresar a él, ejercitando nuestro poder de creación inherente.

Notemos que la trinidad *Verdad, Amor, Regocijo* son los componentes de la función de control de recreación de Dios (el proceso ORIGEN) en el proceso SER HUMANO.

Por su importancia en todo momento en que deseamos refrescarnos los tres aspectos que definen a Dios, al proceso ORIGEN del proceso SER HUMANO, graficamos la entidad energética que define a Dios como el proceso existencial autocontrolado (del que somos sub-espectros) en el que la referencia es la *Verdad* (el arreglo consciente de sí mismo en una dimensión inmutable) que se recrea a sí mismo a través de un algoritmo *amor*, para experimentar *regocijo*.

Luego vamos a introducirnos a nuestra trinidad *alma-mente-cuerpo* que es una estructura a *imagen y semejanza* de la TRINIDAD PRIMORDIAL que veremos en la Partes II y III. Pero antes revisaremos un pensamiento primordial, la estimulación a reconocer la presencia del proceso ORIGEN en nuestra propia estructura energética trinitaria.

Dios

Verdad, Amor, Regocijo

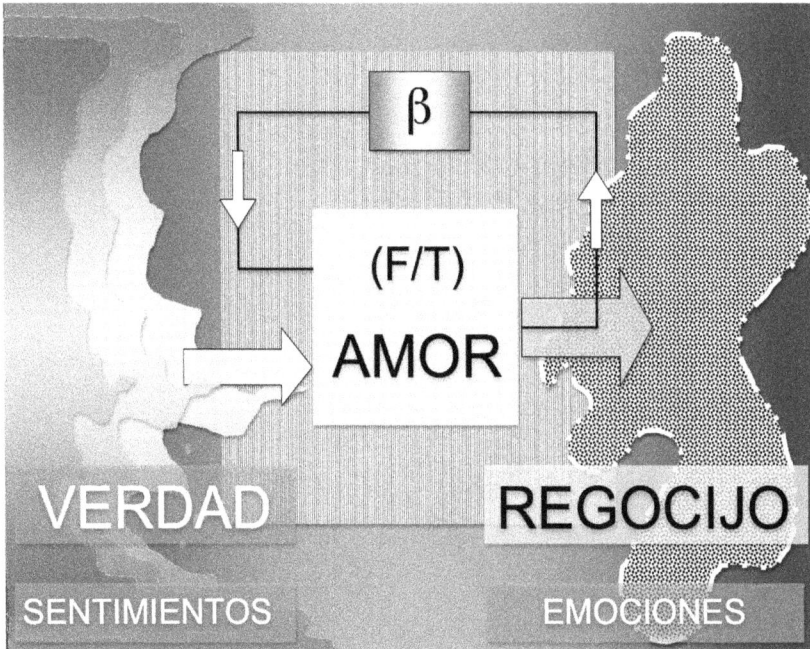

Figura VIII.
El proceso tiene una referencia, Verdad, que es eterna, inmutable, pero el proceso se sub-divide en componentes temporales, en ciclos de re-creación en que cada referencia, siendo la misma, tiene un arreglo diferente, lo que da lugar a una recreación diferente, o que se experimenta de manera diferente. La eternidad se describe racional, matemáticamente, por una expresión de amplio conocimiento y uso en la Ciencia [Ref.(A).1], pero no ha sido reconocida como tal con respecto a la Unidad Existencial.

XII

"¿Puedo alcanzar, visualizar y entender, hacer realidad en mí a la Verdad, a mi Origen?"

« Sí, pero para ello Búscame con el corazón, no con la razón. Una partecita de Mí está dentro de ti, en tu alma »

Desde el momento en que lo recibí, sin especular ni un instante, supe que este pensamiento que se presentó espontáneamente en mi mente no era mío; era de Dios. Lo supe, sin duda alguna. Pero yo deseaba entenderlo correctamente, deseaba razonar correctamente a partir de él, pues si mi entendimiento dependía del proceso racional, del proceso de establecimiento de relaciones causa y efecto, del proceso de concatenación o asociación de las estructuras de información que yo venía reconociendo por una parte, y construyendo por otra por medio del proceso racional, ¿cómo era que recibiera este pensamiento, esta orientación o estimulación primordial en mi mente diciéndome que buscara la Verdad con el corazón y no con la razón?

"Búscame con el corazón, no con la razón..." - me repetía a mí mismo a menudo mientras avanzaba en el reconocimiento y descripción de la estructura energética de la Unidad Existencial donde tiene lugar el proceso existencial consciente de sí mismo, el proceso por el que se establece y se sustenta la Consciencia Universal.

"Este pensamiento es de Dios, es del proceso ORIGEN, del proceso existencial que dio lugar al universo y a través de él a la

Tierra, al entorno energético adecuado para la demodulación de la información de vida" - me dije a mí mismo, y agregué, "¿Cómo lo recibo y cómo lo reconozco?"

« **Estoy dentro de ti...** » - continuaba resonando en mi mente.

"Lo sé, lo sé" - respondía yo, agregando - "pero deseo entender cómo ocurre todo esto, cuál es el mecanismo por el que Tú y yo nos comunicamos, cómo y dónde específicamente en mí Te recibo y reconozco".

Y continuaba,

"Que Tú estés dentro de mí lo entiendo, y que yo esté en Ti como me dijiste, « **Estás en Mi Vientre** », también lo entiendo, o mejor dicho, sé que es así, sé que esta información es cierta, que proviene de Ti, pero ¿cómo consolido coherente y consistentemente estas dos orientaciones Tuyas y todo lo que yo ya he entendido de la Unidad Existencial, de la unidad energética absoluta en cuyo seno Tú misma te encuentras inmersa y defines? Si yo estoy en "Tu Vientre", si soy parte de Ti, como lo somos todos, ¿por qué, entonces, para entender el mecanismo por el que Tú y yo nos comunicamos e interactuamos debo buscarte dentro de mí?"

Durante algún tiempo esperé mientras avanzaba en otros aspectos del proceso ORIGEN y nuestra relación con Él. Decidí que eventualmente se haría la luz nuevamente en mi mente.

Finalmente, se hizo la luz. Entendí.

A la información primordial que me llevara al mecanismo de interacción con el proceso ORIGEN no debía buscarla con la razón, en las relaciones causa y efecto de la fenomenología energética de nuestro universo, sino dentro de mí, en mi esencia, en el alma. "Esta información está impresa en nuestro arreglo biológico" - me dije en un momento dado de mis reflexiones, y entonces la vi, la reconocí.

Todo fue impactantemente obvio en ese instante.

En todo proceso energético real el resultado del proceso contiene la información del proceso que le da lugar.

Luego, la información del proceso ORIGEN, de Dios, está en su resultado, en el proceso SER HUMANO.

Buscar la Verdad con el corazón, no con la razón, no es negar la ciencia, sino buscarla con la esencia del ser humano, con el alma, pues ella tiene en sí misma la información primordial; y ella, el alma, es parte de la trinidad energética que establece, define y sustenta el proceso SER HUMANO.

A la esencia del ser humano no se llega por los métodos científicos conforme a la definición de ciencia, sino por el pensamiento en armonía con el proceso existencial del que provenimos y del que somos partes inseparables.

Enseguida nos ocuparemos de este aspecto relativo a la ciencia.

Ahora bien.

¿Cómo podríamos tener algún pensamiento en armonía con el proceso existencial del que provenimos, con el proceso ORIGEN, que es, precisamente, al que deseamos llegar, visualizar, entender?

Pues, porque a todos nuestros pensamientos le precede uno desde el proceso ORIGEN al que podemos y debemos reconocer oportunamente, pero, por falta de "entrenamiento", no lo hacemos; la consciencia colectiva del grupo social al que pertenecemos no nos ha enseñado a hacerlo.

[Esta pregunta se responde muy ampliamente en las referencias (A).2 y 3, y (C).1, Apéndice, (...*cultivando, predisponiéndonos a la interacción efectiva consciente con Dios*). Ahora deseamos ocuparnos del origen de la idea o concepto Dios en la especie humana, en el pensamiento primordial presente en la estructura de intermodulación del manto energético universal].

¿Cómo surge Dios en la mente humana, y cómo visualizamos y hacemos realidad lo que define a Dios, o a lo que hasta ahora llamamos Dios?

Como ya mencionamos,

la idea o concepto de Dios surge en un pensamiento pri-

mordial, en un pensamiento que no se origina en el ser humano sino en el proceso ORIGEN del que el ser humano proviene y que se transfiere al ser humano en algún momento del desarrollo de su consciencia.

¿Cómo lo reconoce el ser humano?

Cuando está listo [Refs.(A).2 y (A).3].

Hay un proceso ORIGEN del ser humano; no podemos negarlo pues no nos hemos creado a nosotros mismos. Y no importa ahora el mecanismo por el que hemos llegado a la Tierra, si fue por una Creación o resultado de una evolución. Lo que nos importa en este momento es que cualquiera que haya sido el mecanismo, tenemos la información del proceso ORIGEN en nuestro arreglo energético que nos establece, define y sustenta como proceso SER HUMANO. Esta información está en el componente esencial, primordial, del ser humano: en el alma.

El alma del ser humano, el componente etéreo, "inmaterial" de la trinidad *alma-mente-cuerpo* que establece, define y sustenta el proceso SER HUMANO, es un arreglo energético absolutamente real en una dimensión que no se alcanza físicamente por nuestros sentidos materiales, sino por la mente. Y ese arreglo es parte real de la estructura de interacciones consciente de sí misma, de la Consciencia Universal que tiene lugar en la Forma de Vida Primordial que se encuentra inmersa en la Unidad Existencial a la que hoy podemos alcanzar y explorar, a través de la mente, a través del único medio por el que podemos hacerlo, y por el que se establece la interacción consciente por el que podemos experimentar el haber llegado a la Verdad.

Siendo parte de la estructura primordial, nuestra alma reconoce el pensamiento del ORIGEN del que es parte inseparable.

Luego visualizaremos la conexión energética que permite la interacción por la que resulta este reconocimiento.

Regresemos ahora al aspecto de la ciencia.

Algo que cada uno debe hacer para sí mismo, luego de revisar

—

lo que veremos a continuación, es redefinir *ciencia como discipli-na del proceso racional para el desarrollo de consciencia del proceso existencial*, que quizás sería más pertinente a filosofía[Ref.(A).1]; o tener en cuenta que bajo la definición actual, ciencia no es el camino para entender el proceso existencial, sino sus manifestaciones en un sub-espectro limitado del mismo, en nuestro universo.

El ORIGEN del ser humano se reconoce primordialmente.

Lo reconoce el alma, que tiene la *identidad primordial* del ser humano, y acepta e interpreta su *identidad cultural temporal*.

El alma estimula a la identidad cultural temporal, y ésta se pregunta (traduce en nuestros símbolos, lenguaje): *"¿De dónde vengo (primordialmente)?"*

Inicial, y usualmente ocurre, se acepta el ORIGEN que se induce desde la *identidad colectiva del grupo social*, lo que no necesariamente conduce al entendimiento del ORIGEN [Ref.(A).2], prueba de lo cual es, elocuentemente, el estado de nuestra civilización de la especie humana en la Tierra [Ref.(C).1].

Para el reconocimiento de Dios, del proceso ORIGEN, no se requiere ningún proceso racional para ello; no obstante, sí se requiere de proceso racional para entender, para desarrollar consciencia a partir del reconocimiento primordial.

El reconocimiento de Dios, íntimo, por sí mismo, libre de las interpretaciones culturales, ocurre cuando el individuo está listo para ello.

No podemos saber cuándo estaremos listos, pero sí sabemos que no lo estaremos hasta que hagamos algo para estarlo [Refs.(A).2, (A).3, (A).4, (C).1].

Veamos una orientación de lo que se trata de decir con esto de estar listo, y luego regresamos a la ciencia.

Estar listo o no para reconocer a Dios está aparentemente desvinculado de la ciencia, pero para alcanzar la Verdad [que se define en ambos dominios de la existencia, en los dominios material y primordial (o espiritual)] el individuo debe tener una actitud coherente y consistente con los dos aspectos de Dios, del proceso O-RIGEN que tiene lugar en los dos dominios, inseparablemente. Aquí estamos reconociendo a Dios como proceso ORIGEN, que no puede separarse de su dominio material, el dominio de la ciencia, ni del dominio primordial, el dominio de la teología, pues el proceso existencial absoluto (y todas sus versiones temporales) se define por interacciones en ambos dominios energéticos de una misma Unidad Existencial (ver Parte III).

Veamos un aspecto teológico.

El individuo no puede saber si está listo, sino hasta cuando llega la oportunidad o la estimulación natural frente a la cuál hace el reconocimiento. Por ejemplo, recibe esta estimulación, este libro, y frente al contenido reacciona conforme esté listo o no. Estar listo no es necesariamente estar de acuerdo con lo que se dice, sino poder articular coherente y consistentemente, por sí mismo, convencido íntimamente, conforme a sus sentimientos íntimos, las bases o los argumentos por los que rechaza lo que se le presenta. Lo que siente por sí mismo, íntimamente, lo muestra por la vivencia conforme a lo que cree; lo que tampoco es necesariamente la verdad sino hasta que extienda a otros, viviendo sobre otros, los atributos que espera para sí mismo de la Verdad, de Dios, del proceso ORIGEN. Por ejemplo, podemos creer vehementemente que Dios es Éste o Aquél, que nos conduce a esto o aquello, pero nada de eso será verdad si eso que se cree de Él no se vive en los demás: si se desea libertad, debe concederse; si se pide perdón por nuestras equivocaciones, errores, debe perdonarse las equivocaciones, errores; si se busca que Dios nos dé oportunidades, debemos darlas; si queremos que se respete nuestra voluntad, debemos respetar la voluntad de otros.

Por otra parte, uno de los aspectos científicos que debemos considerar íntimamente es nuestro reconocimiento de los dominios material e inmaterial, o físico y no-físico.

No hay nada que sea insustancial, es decir, todo es sustancia primordial y sus asociaciones en dos dominios de asociaciones: un dominio de asociaciones materiales, alcanzable por los sentidos, y otro dominio inmaterial, inalcanzable por los sentidos materiales pero alcanzable por la mente y experimentable por el arreglo biológico humano. Si algo experimentamos, entonces es físico, es real en alguna dimensión de realidad.

Debemos decidir si estamos, o no, considerando al dominio material como parte de Dios, del proceso ORIGEN, porque si no lo consideramos, entonces ¿cómo podría ser Dios el proceso O-RIGEN de Todo Lo Que Es, Todo Lo Que Existe, si no se hace parte de Dios al dominio material, al sub-espectro del proceso existencial que se alcanza por los sentidos?

Ahora, y una vez más,

el reconocimiento primordial de Dios precede al proceso racional para entenderle.

(Como ya vimos, es por esto que convenía revisar algo de los arreglos universales de control que podemos extender al control del flujo de pensamientos, de información en el proceso SER HUMANO, y su asociación en la estructura de identidad cultural temporal).

Este reconocimiento tiene lugar en el alma, no en la estructura de identidad cultural temporal del ser humano, y en este sentido es que hay que interpretar también la orientación primordial *« No me busques con la razón sino con el corazón »*, por eso mismo, porque el reconocimiento primordial precede al proceso racional para entenderle. **El proceso racional en la estructura de identidad cultural temporal es el que da lugar a la versión cultural del reconocimiento que tiene lugar en el alma, en la identidad primordial.** Y aquí tenemos un serio aspecto de la civilización humana en la Tierra que ahora planteamos con más detalles.

Veamos ese aspecto.

La consciencia de todo, del proceso existencial en este caso, del proceso ORIGEN del proceso SER HUMANO, es resultado de un arreglo de relaciones causa y efecto de la fenomenología existencial, y ésta, la fenomenología existencial, se define en un espectro de las variables energéticas que la ciencia no cubre totalmente. Es decir que siendo la ciencia la búsqueda de la Verdad por un proceso sistemático de observación, exploración, experimentación y razonamiento o proceso de establecimiento de relaciones de causa y efecto, sin embargo no puede alcanzar una Verdad que se define en un espectro existencial parte del cual ella, la ciencia, por definición cultural, no lo cubre y lo deja a otra disciplina racional, y ambas se excluyen mutuamente o no se unifican para describir la misma Verdad que buscan.

Entonces,

si la ciencia busca el origen del universo y no tiene en cuenta las orientaciones primordiales que recibe a través del ser humano por el que alcanza el otro dominio no material del proceso existencial, ¿cómo va a reconocer un origen del universo que está en otro dominio existencial del que se excluye?

Ciencia, por nuestra propia definición, es una disciplina del razonamiento humano por el que se establecen las relaciones causa y efecto de los fenómenos observados y experimentados del universo material; de los fenómenos que tienen lugar sobre un sub-espectro limitado del proceso existencial, que se detectan por los cinco sentidos materiales (vista, oído, olfato, gusto y tacto) y la instrumentación desarrollada por el ser humano. El reconocimiento y experimentación de lo que existe y ocurre en el resto del proceso existencial que tiene lugar en el sub-espectro fuera del material se alcanza por otro medio, por otro sentido que no ha sido reconocido formalmente como tal, pero es la facultad a la que nos referimos como percepción o intuición por la que capturamos o generamos espontáneamente pensamientos sin que tenga lugar ningún proceso racional (al menos no conscientes) del que sean resultado. Entre las experiencias que tenemos de la fenomenología en el otro sub-espectro no material de la existencia están las estimulaciones primordiales a las que reconocemos como sentimientos y deseos, los pensamientos "erráticos" ("buenos y malos"), y las experiencias paranormales. Estas últimas, las experiencias paranormales, nos ofrecen el ejemplo más claro por una parte, y perturbador por otra, de las experiencias de las que se dicen que no tienen explicación científica solamente porque ocurren en un sub-espectro existencial que no se puede explorar, sino y sólo a través de la mente. No tienen explicación científica conforme a la definición de ciencia, pero tienen una explicación entendible que resulta de un razonamiento que tiene en cuenta lo que hay y ocurre en el sub-dominio existencial primordial o espiritual, en el sub-dominio fuera del alcance de los sentidos e instrumentación, cuando alcanzamos ese sub-dominio a través de la mente.

¡ATENCIÓN!

Notemos que acabamos de decir que las experiencias paranormales sólo se pueden explorar a través de la mente, pero no reconocemos que tienen lugar en la mente del proceso ORIGEN, en la Mente Universal de la que esas experiencias, sus orígenes, son parte también como nosotros, los seres humanos. La mente del proceso ORIGEN es la mente de Dios, y difícilmente se tomen a las experiencias paranormales como parte de la mente de Dios en nuestras ideas o concepciones culturales prevalentes de Dios en la civilización de la especie humana en la Tierra.

Es decir,

si nuestra interpretación prevalente de Dios es como el Creador, el Hacedor, la Fuente de Todo Lo Que es, Todo Lo Que Existe, debe incluir estas experiencias; y si no lo hacemos es sólo por el temor que se genera, precisamente, por una interpretación limitada y hasta distorsionada del proceso ORIGEN, por la interpretación cultural prevalente a la que ahora llamamos Dios.

A esto, a lo previamente dicho, es que nos referimos con ese "algo" parte de Dios, del proceso existencial, al inicio de la página 54. El mal, las equivocaciones, la desarmonía temporal con respecto al estado primordial (el Bien) y sus consecuencias, son partes temporales del proceso existencial, y por lo tanto, partes de Dios, de Sus individualizaciones, los seres humanos, en proceso de desarrollo de sus consciencias [Refs.(A).4, Libros 1, 2 y 3; y (C).1].

Una vez más,

el *reconocimiento* de Dios, del proceso ORIGEN, es primordial; es a través del alma, del corazón, de la esencia del ser humano,

pero el *entendimiento* del proceso existencial se alcanza por el proceso racional, por el proceso de establecimiento de relaciones causa y efecto de la fenomenología energética y de vida universal, y obviamente tiene que incluir ambos sub-espectros del proceso existencial, de la vida: el sub-espectro material alcanzado por los sentidos, y el primordial o espiritual alcanzado a través de la mente.

Si ciencia es la disciplina racional que observa, explora y establece las relaciones causa y efecto de la fenomenología en el dominio material, entonces teología, una vez redefinida, sería la disciplina de proceso racional que observa, explora y establece las relaciones causa y efecto de la fenomenología en el dominio espiritual, y filosofía es la integración de ambas, es la disciplina de proceso racional que busca la Verdad, el proceso ORIGEN y la relación con el proceso SER HUMANO.

Religión es simplemente la práctica de la relación con Dios, con la versión cultural de la interpretación de nuestro ORIGEN.

Finalmente podemos hacernos listos para reconocer el proceso ORIGEN y entrar a Su mente, a la Mente Universal, de la que nuestra mente es un sub-espectro. Podemos hacerlo porque llevamos en nuestro arreglo trinitario *alma-mente-cuerpo* la información para acceder a Él. Nuestro arreglo trinitario es una "réplica",

---

una recreación a otra escala energética, de la TRINIDAD PRI-
MORDIAL del proceso ORIGEN sobre la que tienen lugar las
interacciones que se reconocen a sí misma, que conforman y sustentan la Consciencia Universal. Nuestra trinidad humana es un
sub-espectro a *imagen y semejanza* de la TRINIDAD PRIMOR-
DIAL, de la misma naturaleza y con los mismos atributos del proceso ORIGEN.

Debemos comenzar a entender los componentes de la trinidad
de Dios, de la TRINIDAD PRIMORDIAL, al igual que a los componentes, y sus interacciones, de nuestra propia trinidad.

Debemos comenzar a reconocer y entender que la Consciencia Universal tiene una estructura en "capas de cebolla", con diferentes dimensiones de consciencia, de realidad existencial.

Debemos comenzar a reconocer y entender a la referencia absoluta del proceso existencial, que es una estructura de relaciones causa y efecto primordial, absoluta, eterna, inmutable, a la
que ahora se le llama Espíritu de Vida en teología.

XIII

Trinidad energética

Alma-Mente-Cuerpo

sobre la que se establece y sustenta el proceso
SER HUMANO

De alguna u otra manera, al referirnos a Dios, ya sea que creamos o no en Él, lo hacemos personificándole, o mejor dicho, dán-
dole una imagen humana; o quizás aún mejor dicho todavía, le
damos una personalidad a Dios, alguna personalidad basada en
nuestra definición de personalidad humana (aunque digamos que
Dios es inmaterial, inalcanzable físicamente).

Esta tendencia está profundamente arraigada en la estructura
de consciencia colectiva de nuestra especie humana presente en
la Tierra, lo que hace sumamente difícil verle a Él, quienes creen
en Él conforme a la versión de un Creador, o verle al proceso O-
RIGEN del que provenimos, los demás, como lo que en realidad
es Dios, o el proceso ORIGEN, y lo que somos nosotros mismos:
un proceso de interacciones consciente de sí mismo,
y más precisamente aún,
**Dios, proceso ORIGEN, es el único proceso consciente de
sí mismo del que los seres conscientes en todo el universo,
en toda la Unidad Existencial, somos unidades de consciencia en un sub-espectro de consciencia.**

Personalidad se aplica a la individualidad humana, a la característica de la identidad del individuo de la especie humana.

Dios no tiene una personalidad conforme a nuestra definición,
pues Dios, en todo caso y siendo el proceso ORIGEN, tiene la su-

ma de individualidades, la suma de personalidades de los seres humanos, o de todos los seres conscientes de la Unidad Existencial.

Dios tiene la personalidad... ¡de Dios!, la suma de todas las personalidades. O dicho de otra manera, los seres humanos tenemos los aspectos de Dios que nos individualizan entre nosotros.

Por esto es que hemos recibido la orientación,

« Somos Uno ».

En principio, podemos decir que la suma de las consciencias de las unidades de consciencia de los seres conscientes es Dios; pero en realidad, la única Consciencia Universal, Dios, se sub-divide en componentes temporales: las de los seres evolucionados de la Unidad Existencial que pueden acceder a un sub-espectro particular de la Consciencia Universal.

La Consciencia Universal es el resultado de un proceso de interacciones que tiene lugar en una estructura energética, la TRINIDAD PRIMORDIAL, a la que llegaremos en la Parte III, y ese proceso compuesto de innumerables unidades de inteligencia interactuando entre sí producen un efecto, un resultado, que es la Consciencia Universal, es el efecto por el que la interacción se reconoce a sí misma, y a ese reconocimiento tienen acceso cada uno de los interactuantes, en un sub-espectro que define su individualidad frente a la Unidad de Consciencia Universal, Dios.

El efecto de la interacción entre todas las unidades interactuantes tiene una componente inmutable, constante absoluta, que es la referencia eterna de todas las recreaciones del proceso existencial. Esta referencia es lo que en Teología se reconoce como Espíritu Santo o Espíritu de Vida, y en la ciencia es la *Membrana de referencia del Sistema Termodinámico Primordial* [Ref.(A).1].

Lo que se recrea son las unidades temporales de Dios, los seres humanos en la Tierra y los demás seres conscientes de la Unidad Existencial; pero no se recrea el proceso existencial eterno, indetenible, de redistribución energética que sustenta la recrea-

—

ción y las interacciones de todas las componentes temporales de la Consciencia Universal. La suma en todo instante de todas las componentes temporales del proceso existencial es absolutamente constante (unas galaxias y sus manifestaciones de vida emergen; otras colapsan y desaparecen, y sus manifestaciones de vida son transferidas a las que emergen). La Unidad Existencial eterna es la suma de todas las componentes temporales en todo instante. Veremos algo de los componentes energéticos de este proceso en la Parte III de este libro.

Nuestra trinidad humana es una estructura a *imagen y semejanza* de la TRINIDAD PRIMORDIAL.

La trinidad energética humana es la estructura sobre la que se establece y sustenta el proceso SER HUMANO, y sobre la que ocurre el arreglo de relaciones causa y efecto que definen la identidad cultural temporal de cada individuo, de cada ser humano. El proceso SER HUMANO es un sub-espectro de la FUNCIÓN EXISTENCIAL CONSCIENTE DE SÍ MISMA, la Consciencia Universal, que tiene lugar en la TRINIDAD PRIMORDIAL.

¿Qué es una trinidad energética?

Una visualización energética simple del alma.

[Sección revisada de las ofrecidas en las referencias (A).1 y (A).3, Apéndice].

En nuestra dimensión energética en la que estamos manifestados no podemos visualizar fácilmente nuestra estructura trinitaria, arreglo energético en tres dimensiones que conforman el *alma*, la *mente* y el *cuerpo*. La razón es que un componente, un arreglo, el alma, está en el sub-espectro no visible, conformado por partículas primordiales por debajo del nivel de detección de los sentidos y la instrumentación; y otro componente, la *mente,* es simplemente la vibración o pulsación, compleja por cierto, que tiene lugar en nuestro cuerpo como resultado de las interacciones entre los arreglos de información en el dominio material con partículas materiales (en nuestro cuerpo) y los arreglos con partículas en el otro dominio (el alma) no visible, ni detectable por instrumentos, que son parte de los arreglos biológicos. No debemos olvidar que la materia, las células, las moléculas y los átomos son asociaciones de partículas primordiales, y éstas son asociaciones de unidades de sustancia primordial que tienen naturaleza binaria, tienen masa y una cantidad de carga o de rotación (las partículas primordiales tienen "carga"; son las unidades de "carga" de la que se derivan las cargas eléctricas en nuestra dimensión). Luego, cada arreglo material es resultado de una distribución de asociación de unidades de "carga" de naturaleza binaria. Nosotros no podemos alcanzar a ponderar físicamente las diferencias en los estados de movimiento dentro de las moléculas de vida, de las moléculas ADN, sin embargo, una distribución tan grande como el cuerpo humano (que está ordenada de una manera particular por la que se define el ser humano, el Homo Sapiens) procesa esas "cargas" y sus variaciones, permitiendo nuestro acceso inconsciente a la estructura de la Consciencia Univeral, lo que a su vez resulta en lo que experimentamos, *los sentimientos y las emociones*; y nos permite también las interacciones conscientes con la pulsación del manto energético universal por las que accedemos a otros niveles de la Consciencia Universal.

Análogamente, a otra escala energética, es lo que ocurre entre nuestro universo material, de energía, y la energía que proviene del otro dominio, a la que se le ha llamado "energía oscura". Las interacciones entre ambos dominios energéticos es la red espacio-tiempo, red que es parte de la mente del proceso existencial, de Dios.

Una visualización simple de la trinidad energética en nuestro a-

---

rreglo como proceso SER HUMANO es la siguiente.
Nuestro cuerpo está rodeado de una atmósfera muy delgada,
de una "capa" primordial. Esa "atmósfera", el alma, es lo que los
religiosos llaman aura y que en determinados casos reportados
en el mundo, particularmente en el pasado, brilla, se ilumina, se
hace visible.

Esta capa queda, por ahora, "separada" del cuerpo por nuestra
piel, aunque en realidad se extiende por dentro del cuerpo. En o-
tras palabras, nuestro cuerpo está inmerso en el alma. El alma es
un arreglo de la pulsación del manto energético que nos envuelve
y contiene a cada uno; es un arreglo que no se detecta por la instrumentación.

El arreglo de esta "atmósfera" que nos envuelve interactúa con
el resto del cuerpo, y esa interacción modifica el manto energético
entre ambas. Esa modificación es la mente, y esta modificación
se transfiere a todo el universo por la vibración o pulsación de sus
componentes que no vemos y sólo percibimos por la suma, la
integración sobre todo el cuerpo.

Antes dijimos que el desarrollo racional dependiente sólo de la información obtenida a través de los sentidos materiales y la instrumentación
inhibe o limita nuestros desarrollos de consciencia, de entendimiento del
proceso existencial, de nuestro ORIGEN. Pues, aquí tenemos un claro
ejemplo en el que tenemos que incorporar lo que sentimos con el alma.
Podemos tener un extraordinario desarrollo racional de la fenomenología
energética universal, pero no alcanzamos el proceso que tiene lugar en
ambos dominios si no incorporamos la información que obtenemos a través del alma, y sólo a través de ella. Debemos comenzar a visualizar y
considerar al alma como el arreglo energético real en el otro dominio al
que sólo detectamos por ella, y al que nos expandimos por la mente.
El alma es el "instrumento" para detectar el dominio primordial.
**Cuando comenzamos a percibir y reconocer la intermodulación
y la pulsación del manto energético universal como partes de una
estructura de información y un medio de interacciones, nuestra
realidad existencial comienza a expanderse.**

Nota sobre la Figura VI.

(Revisitación para trinidad energética).

En la Figura VI de la sección V vimos la fotografía de una asociación de cristales de hielo en un lago. Esos cristales son una asociación de moléculas de agua en una dimensión espacial de asociación, y están rodeados de agua, otra dimensión de asociación (la parte superior, más oscura), y de mezcla de agua y diminutos cristales de hielo (la parte inferior, de color gris), otra asociación intermedia. Es decir, tenemos en ese entorno del lago agua en tres dimensiones energéticas, y si consideramos el agua contenida en la atmósfera, en la superficie del lago, hay otra dimensión más de asociación de moléculas de agua.

Notemos que la trinidad del entorno del lago se va a comportar como una unidad "separada" frente a las moléculas de agua presentes en la atmósfera, en el aire; y lo que la hace una sola entidad vista de otra manera, vista como una distribución de "cargas", de rotaciones y sus pulsaciones (distribución a la que no llegamos con los sentidos) es la temperatura determinada por la pulsación del manto energético que actúa sobre la atmósfera y el lago.

En un átomo consideremos que la unidad de proceso, la *célula energética*, es el arreglo de partículas en tres dimensiones de asociación a saber,

- el núcleo y los electrones;
- las partículas primordiales cuyas asociaciones son el núcleo y los electrones;
- y el espacio entre ambos.

Luego, en el átomo,

- el *cuerpo* es formado por el núcleo y los electrones;
- su *alma* son las partículas primordiales que forman el núcleo y los electrones, y son parte del manto energético;
- la *mente* son las vibraciones de las partículas primordiales del manto energético en el espacio entre ambos.

Como podemos ver, todo es un arreglo en diferentes dimensiones de asociación de partículas primordiales a las que no vemos y cuya presencia permite todo lo que es, todo lo que existe, todo lo que experimentamos.

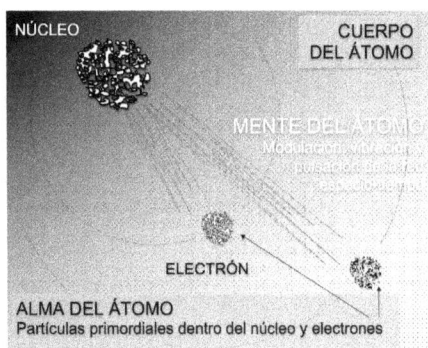

Figura IX(A).
Analogía de trinidad en el Átomo, *Célula Energética*.

¿Qué es una configuración trinitaria de proceso, de interacciones entre estructuras de información?

Aún después de muerto, el cuerpo humano tiene "vida", movimiento; todos sus átomos y moléculas vibran, pulsan, aunque desordenadamente. Luego, tener vida como la definimos ahora es ser consciente, y lo que es consciente es toda la estructura de movimientos que tiene lugar en el arreglo biológi-

co, todo, y los componentes alma y mente, es decir, en la trinidad que sustenta el proceso SER HUMANO. Para tener
consciencia esta estructura de movimientos, todas sus vibraciones o pulsaciones de todos los átomos, moléculas y células que definen el arreglo trinitario del ser humano deben sin-
cronizarse entre sí, y con "Algo" o Alguien.

Una configuración trinitaria de proceso o de interacciones entre
estructuras de información es un arreglo en tres dimensiones e-
nergéticas que procesa constelaciones de información desde dos
dominios energéticos, material y primordial, frente a un dominio
de referencia.

Incluso a nivel de pensamientos tenemos siempre dos dominios de ellos, uno en el pasado, que es el dominio de referencia, y
otro en el dominio del futuro, que es lo que deseamos, para lo que
procesamos lo que vamos experimentando o recibiendo en el presente.

Una vez más, es de nuestro mayor beneficio entendernos más
a nosotros mismos, a nuestra estructura trinitaria y su arreglo de
control inherente, y nuestra relación íntima, inseparable, con el
proceso ORIGEN, eternamente.

Visualizar una entidad trinitaria es más sencillo desde el punto
de vista funcional.

Tenemos ejemplos en la práctica, tales como los triunviratos,
los sistemas de gobierno en tres poderes, y resulta relativamente
simple visualizar los tres componentes de una trinidad energética
en un arreglo elemental, tal como un átomo, que es el resultado
de las interacciones entre tres dimensiones de asociación de sustancia primordial: las partículas primordiales, los electrones y el
núcleo. No es nada simple visualizar la trinidad en distribuciones
de dominios energéticos inmersos en otros dominios; y mucho
menos sus interacciones.

El dominio energético es una colosal distribución de partículas que tiene una pulsación o vibración común, con una frecuencia que es común para todos los elementos energéticos del dominio, los cuales conservan sus componentes individuales de longitudes de ondas, los que se van "encadenando" o poniendo en fase entre todos ellos para conformar la unidad a la que le llamamos dominio (o sub-dominio si lo referimos, a su vez, a otro dominio del que el observado es parte) Ref.(A).1, sección Sustancia Primordial (y sus Asociaciones).

Veamos una analogía.

Una bandada de gorriones es análogo a un dominio energético. (NOTA: Observemos los componentes en relación a un arreglo de control que es inherente a toda estructura trinitaria, y ésta, a su vez, es inherente a toda estructura energética existencial con identidad propia frente al resto del universo).

La bandada de gorriones es también un sub-dominio, un conjunto de la sub-especie gorriones de la especie pájaros.

La bandada es una unidad compuesta de "elementos", los gorriones, cuyos movimientos, sus frecuencias de aleteo y longitud y, o potencia de aleteo están en fase entre ellos para mantener la unidad, aunque dentro de ciertos límites.

Dentro de la bandada hay un líder, que es uno de los componentes de la trinidad "bandada" por la que ella, la bandada como una unidad se controla, coordina su estructura; luego están los observadores laterales (los "detectores") que escudriñan los alrededores de la trayectoria, que esté libre de depredadores; y finalmente tenemos el resto de pájaros conformando el "paquete". Notemos que hay una trinidad funcional, *líder, observadores (detectores), y cuerpo* (el resto de pájaros, los seguidores), y hay una trinidad desde el punto de vista energético, que es dada por la densidad de asociación de pájaros dentro de la bandada: un solo pájaro líder, varios observadores, y una gran cantidad en los seguidores, el resto.

Lo que nos confunde es que luego vemos a los pájaros separados, y en cambio no vemos a nuestras células separadas en el proceso SER HUMANO, aunque sí vemos separación entre los órganos contenidos por el cuerpo humano, vemos una separación entre las funciones que ellos sustentan y que son sub-dominios del proceso o función SER HUMANO.

En nuestros reconocimientos y sus interpretaciones influyen cómo definimos las diferentes estructuras energéticas y las funciones que cumplen en la unidad o dominio de asociación al que pertenecen.

En la estructura trinitaria sobre la que se sustenta el proceso SER HUMANO,

- *Cuerpo* es la asociación de partículas, átomos, moléculas, células, que define nuestra unidad biológica como ser humano;

- *Mente* es la intermodulación, el movimiento entretenido por el cuerpo por las interacciones entre todas sus células, y entre ellas y el manto energético universal y todo lo que en él se halle, incluyendo el sub-espectro que define a Dios; y entre las células y nuestra individualización primordial dentro nuestro, el diminuto arreglo celular que contiene la *identidad primordial* en el hipotálamo;

- *Alma* es la distribución de la individualización funcional de Dios que define a cada ser humano; es un arreglo particular, específico para cada ser humano de moléculas y células de vida (ADN) y sus asociaciones dado por la estructura primordial, la *identidad primordial,* que rige el proceso que sustenta la distribución de moléculas ADN, cuya asociación es el cuerpo con el que a su vez interactúa, con las diferentes funciones definidas por las diferentes asociaciones ADN, para sustentar el desarrollo de la *identidad temporal,* del arreglo de las relaciones causa y efecto a la que el cuerpo da lugar cuando el sistema o el proceso SER HUMANO inicia el reconocimiento de sí mismo a partir de la inducción colectiva.

Así, el hipotálamo es el componente *alma* de la estructura e-nergética trinitaria que sustenta el proceso SER HUMANO; el resto del arreglo biológico es el *cuerpo*, del que el alma es parte con una identidad primordial propia.

La interacción entre ambos define la *mente*, la intermodulación del manto energético que ocupa el arreglo biológico; obviamente es una hiper compleja intermodulación compuesta por todos los movimientos atómicos, moleculares, celulares.

El proceso SER HUMANO es el proceso que interactúa con el universo; es el proceso resultado de las interacciones entre *alma*, la identidad primordial contenida en ese arreglo diminuto, y la identidad cultural, el arreglo de toda la estructura molecular ADN que tiene lugar por las decisiones del Yo[a], del actuador del proceso SER HUMANO. Esta interacción tiene lugar a través de la pulsación del manto energético universal que contiene la intermodulación a la que llamamos *Mente Universal,* componente de la TRINIDAD PRIMORDIAL.

Intermodulación en el cuerpo humano.

El cuerpo humano es energía, es una asociación de una cantidad colosal de partículas, átomos, moléculas, células; todo inmerso en el manto energético universal.

El cuerpo es movimiento, esté vivo o muerto, de acuerdo a nuestra definición de estar vivo o muerto; a estar funcionando en este entorno existencial, o no.

Aún muerto, el proceso SER HUMANO en este entorno del universo, la asociación de partículas sigue vibrando, todas y cada una de ellas; pero el cuerpo decae o se descompone, es decir, se disocia con respecto a la configuración de pulsación que tenía antes y que la definía como un ser vivo.

¿Qué mantiene vivo al cuerpo del ser humano, y de todas las formas de vida?

Estar vivo el cuerpo humano significa vibrar de manera que se mantengan dos pulsaciones, la del corazón y la pulmonar juntas, que ponen en fase con ellas a todas las demás vibraciones de la colosal colección de partículas, átomos, moléculas y células de la forma de vida, para mantener una interacción, una modulación sobre esa pulsación o vibración de todos los átomos. Al conjunto de vibraciones atómicas de todos los átomos del cuerpo humano, que es la "vida" energética, se superpone una vibración o modulación ¡que se reconoce a sí misma! por interacción con la Consciencia Universal a través del manto energético, de la Mente Universal.

Hay una interacción entre "algo" dentro del cuerpo y fuera de él, interacción de la que el cuerpo vivo es el resultado; o mejor dicho, la función que el cuerpo vivo sustenta se hace consciente de sí misma (toma consciencia de la Consciencia Universal).

Hay una inducción energética conformada por fuerzas desde el manto universal, la que el ser humano reconoce como Dios, y a la que "algo" dentro del individuo, del ser humano, responde bajo una inteligencia o algoritmo de interacción. Ese "algo" es el alma del ser humano, es una individualización de Dios, de la entidad de la que proviene la inducción que el ser humano reconoce como Dios, y todo con un propósito (el espíritu de vida, continuación de la vida).

Estructuras Trinitarias de Identidades en la Unidad Binaria de la Consciencia Universal y en el Ser Humano

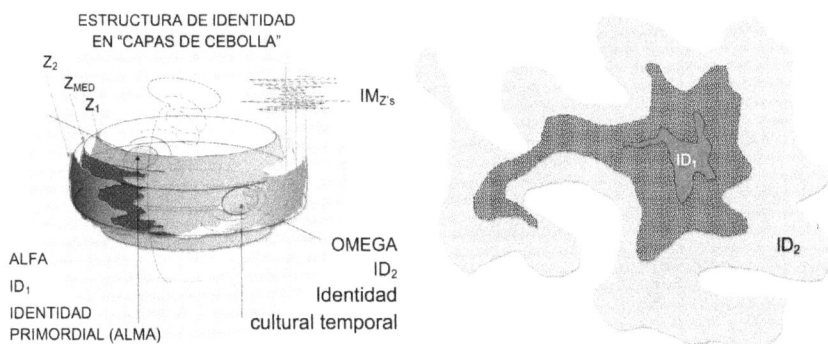

ESTRUCTURA DE IDENTIDAD
EN "CAPAS DE CEBOLLA"

Z_2
Z_{MED}
Z_1
$IM_{Z's}$

ALFA
ID_1
IDENTIDAD
PRIMORDIAL (ALMA)

OMEGA
ID_2
Identidad
cultural temporal

ID_1

ID_2

Figura IX(B).
Estructuras energéticas trinitarias, en tres dimensiones diferentes de a-sociación de la sustancia primordial.

Debido a las propiedades topológicas del manto energético u-niversal, las estructuras trinitarias mostradas son funcionalmente análogas. A la derecha, la identidad trinitaria ID_1 interactúa con la identidad ID_2 a través del manto energético que es modulado co-mo indica el sombreado de puntos entre ambas distribuciones ID_1 e ID_2; tal como tiene lugar entre las estructuras $\in_1$ y $\in_2$ de la iz-quierda (hipergalaxias Alfa y Omega), modulación que es indica-da por $IM_{Z's}$.

Notar que hay dos entidades trinitarias interactuando in-mersas en un manto energético; es decir, el arreglo de inter-acciones conscientes de sí mismo es una estructura heptaria (en siete dimensiones energéticas).

Analogía de la intermodulación
en una célula energética, o en un átomo

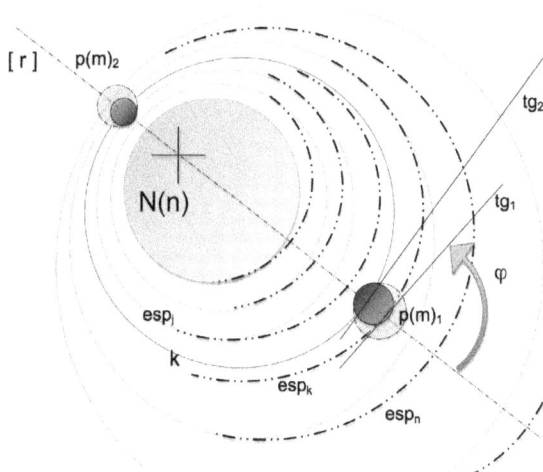

Figura IX(C).
Entre la nuclearización N(n) y una partícula $p(m)_1$ que se encuentran interactuando entre sí, intercambiando sus pulsaciones, se establece un sub-espectro de pulsaciones comunes a ambas entidades. Ese sub-espectro de pulsaciones conforma otra entidad que es común a las entidades interactuantes, que tiene aspectos que son comunes a las dos estructuras energéticas. El manto entre la nuclearización N(n) y la partícula $p(m)_1$ es la "mente" en este caso, que es un sub-espectro de la "mente" de todo el manto energético. La nuclearización N(n) comparte otro sub-espectro con otra partícula $p(m)_2$.

Otra analogía de una intermodulación es la generada por una orquesta de músicos. La suma de todos los sonidos de todos los instrumentos individuales conforma una nueva entidad energética sonora: la pieza musical.

XIV

Identidades primordial y cultural del proceso SER HUMANO

Otra visualización del proceso SER HUMANO como sub-espectro real del proceso ORIGEN

Nuestra identidad está en todo el inmenso arreglo energético, material, en el arreglo biológico, en la configuración molecular ADN, pero se hace consciente en la mente, en un sub-espectro de la *Mente Universal*, de la intermodulación que tiene lugar en el manto energético universal por las redistribuciones energéticas y las interacciones entre todas las estructuras que conforman Todo Lo Que Es, Todo Lo Que Existe.

El ser humano viene con una *identidad primordial* que se encuentra en el alma, en el arreglo en la dimensión primordial de la trinidad energética humana *alma-mente-cuerpo*.

La *identidad primordial* del proceso SER HUMANO es definida por el arreglo del alma. Este arreglo tiene la inteligencia para interactuar con el proceso ORIGEN del que proviene, a través de la pulsación del manto universal; tiene el protocolo de interacción recíproca. Este arreglo es un sub-espectro de la dimensión *Madre/Padre* de la Forma de Vida Primordial (ver Parte III).

La *identidad primordial* reconoce el estado de sentirse bien natural del proceso SER HUMANO. Este estado es la referencia primordial para el desarrollo del proceso SER HUMANO, y es el estado dado por el arreglo que define al alma.

La *identidad primordial* es un juego de relaciones causa y efecto con el que venimos a esta manifestación temporal de vida. Este juego de relaciones causa y efecto es lo que induce al nuevo ser a reaccionar frente a los eventos de vida. Estas reacciones tienen una característica que es general para todos, y una particular para cada individuo. Las reacciones se hacen en relación al estado de referencia natural del ser humano, el estado de sentirse bien; es la característica absolutamente común a todos: todo ser humano desea y necesita sentirse bien. Pero el estado de sentirse bien tiene un juego de componentes en el cuerpo, mente y alma; se siente bien si se energiza (alimenta), si mantiene ocupada su mente en sus áreas de interés (naturales primero, culturales luego), y si se desarrolla conforme a sus inquietudes primordiales estimuladas por el alma [Ref.(A).3]. Este juego es único para cada individuo, aunque con componentes comunes para cada grupo social.

La *identidad cultural temporal* es la afectación, la modulación, el cambio que se introduce en las relaciones causa y efecto que definen al estado de sentirse bien primordial; cambios debido a la experiencia de la vivencia en el medio energético y social en el que se encuentra el proceso SER HUMANO, el individuo de la especie.

Frente a los eventos de vida y a las estimulaciones u orientaciones primordiales, la *identidad primordial* en primer lugar (el arreglo inicial de causa y efecto), y luego la *identidad cultural temporal* a medida que se desarrolla, que se "construye", reacciona y excita al proceso racional, al mismo arreglo de causa y efecto en otro nivel operativo, para buscar cómo responder a la excitación que recibe: si lo hace siguiendo las orientaciones primordiales (a su *identidad primordial, a su alma, a su referencia primordial*) o siguiendo las versiones culturales por las que va creando la *identidad cultural*.

Conforme a los resultados de sus reacciones, que estén en armonía o no con lo que le hace sentir bien, el proceso SER HUMANO experimenta resonancias, tiene emociones.

Veremos algo sobre resonancias en la sección siguiente, Pulsación Universal.

Las emociones son las experiencias de la consciencia de estar en armonía o no con el proceso ORIGEN; en armonía o no que se indica, precisamente, por la experiencia de felicidad o infelicidad o sufrimiento, en cualquiera de sus infinitas, innumerables versiones (hambre, sed, dolor, angustia, alegría, pena, coraje, frustración, etc., etc.).

Ahora bien.

La estructura de identidad del proceso SER HUMANO requiere ser excitada continuamente; y lo es a través del proceso existencial aunque conscientemente no se haga nada, pues el proceso es alimentado por los sentidos todo el tiempo, los que envían información al proceso racional consciente de sí mismo. El proceso racional sólo se detiene, o se "separa" del sub-espectro consciente, al dormir, para permitir la redistribución de la información adquirida y procesada durante el día.

Si el flujo de información, que incluye las experiencias de interacciones con las manifestaciones energéticas y de vida universal, y con los individuos de la especie, genera reacciones en armonía con el proceso ORIGEN (lo que se refleja o indica por el estado de sentirse bien en toda circunstancia de vida), entonces la vivencia del individuo, de la unidad de proceso SER HUMANO, está en armonía con el proceso ORIGEN.

La consciencia de felicidad o infelicidad del proceso SER HUMANO depende de su interacción entre él y el proceso ORIGEN, Dios. La recepción de los *sentimientos primordiales* (que provienen de Dios, no los genera el ser humano) y la experiencia de las cinco *emociones primordiales* (*Amor, Temor, Pena, Coraje y Envidia*) [Ref.(C).1], es resultado de una interacción mandatoria no consciente; sin embargo, esos *sentimientos y emociones primordiales* han sido y son afectados culturalmente luego de recibirse y comenzar a procesarse, lo que da lugar a sus versiones culturales.

Los sentimientos son orientaciones desde el proceso O-RIGEN, Dios.

Las emociones son aspectos de Dios experimentados por el proceso SER HUMANO.

Debido a la afectación cultural que enmascara el propósito de los *sentimientos y emociones primordiales* para orientar y experimentar el proceso de desarrollo de consciencia, de entendimiento del proceso existencial, es que hemos sido dados las *actitudes primordiales* [Refs.(A).3, (C).1] que orientan el proceso racional en armonía con el proceso ORIGEN para liberarnos de las experiencias de infelicidades y sufrimientos, y permitirnos disfrutar el poder de creación inherente al ser humano [Refs.(A).2, (A).3 y (C).1].

Las **actitudes primordiales** son predisposiciones en las realimentaciones del arreglo de control del proceso racional en el ser humano, hacia la armonía entre los procesos SER HUMANO y ORIGEN, Dios. De estas predisposiciones naturales son análogas las realimentaciones PID (Proporcional, Integral y Derivativo) de los sistemas de control de nuestras múltiples diferentes aplicaciones industriales y de los sistemas de exploración en la Tierra y espacio exterior [Ref.(A).3].

Las interacciones entre el proceso ORIGEN y las individualizaciones del proceso SER HUMANO tienen lugar en sub-espectros de la Mente Universal asignados para cada individuo, para cada ser humano.

Nuestro proceso racional individual íntimo tiene lugar sobre un sub-espectro único, individual, de la Mente Universal; por ello, aunque otro ser humano no entra a nuestra mente, en cambio, siempre estamos conectados al proceso ORIGEN.

Ahora podemos visualizar mejor la importancia de entrar a la configuración básica del arreglo de control del proceso SER HU-

MANO inherente a la estructura energética trinitaria que lo establece y sustenta. En el arreglo de control de temperatura de la habitación se controla una relación[Ref.(A).1] [que se indica por la variación de volumen de un material (el bulbo de mercurio)] a través del control de flujo de aire que tiene otra energía, otra cantidad de movimiento de sus moléculas. En el proceso SER HUMANO se controla la relación entre su estado de sentirse bien y el del proceso ORIGEN, a través de las emociones generadas por el flujo de información existencial, por la experiencia de vida. El proceso SER HUMANO debe controlar la asociación de los efectos, las emociones, con las causas, los pensamientos o las relaciones causa y efecto previas, frente a la referencia inmutable: el estado de sentirse bien. Este proceso de control no puede hacerlo nadie en lugar del afectado aunque sí puede recibir orientaciones; y estas orientaciones ayudarán dependiendo de que el estado de referencia que se haya tomado sea el primordial o el cultural, que no necesariamente están en armonía entre sí y es lo que genera, una vez más, las experiencias de infelicidades y sufrimientos[Ref.(A)2]. Es bueno recordarnos estas consecuencias de la falta de armonía entre nuestros desarrollos individual y colectivo de la especie humana frente al proceso ORIGEN del que provenimos, pero lo que aquí nos ocupa es que esta desarmonía no nos permite reconocer los pensamientos, las orientaciones desde el proceso ORIGEN que se encuentran en el arreglo de pulsación del manto energético universal.

El arreglo de identidad del proceso SER HUMANO es el que contiene, en su juego de relaciones causa y efecto, al ALGORITMO de control del proceso para mantener el estado de sentirse bien frente a todas las estimulaciones del proceso vivencial. Es el módulo que hemos indicado como F/T en la Figura VII(B), y explicitado como *Amor* en la Figura VIII.

Consciencia Universal

Reside en el manto de fluído primordial

Figura X.
En el manto de fluído primordial en el que se hallan inmersas los dos componentes de la Unidad Binaria de Interacciones de la Forma de Vida Primordial se encuentra la Intermodulación que es consciente de sí misma, que se reconoce a Sí Misma, a la que llamamos Dios.

Estimulaciones desde la Consciencia Universal.

El universo no se creó en siete días.

« ...Y Dios creó el universo en siete días »,
fue una orientación a reconocer que la Consciencia Universal, Dios, el universo (luego es la Unidad Existencial) que la sustenta, es una estructura "creada", hecha realidad desde una presencia eterna, o hecha consciente, por un proceso que se establece, define y sustenta sobre una estructura o arreglo en siete dimensiones energéticas.

« Yo Soy »,
Dios,
la identidad de la estructura de Consciencia Universal,
que tiene lugar en una estructura energética particular de la Unidad Existencial, estructura frente a la cual se reconocen todas las identidades de sus unidades individuales. (Ver Parte II).

Yo, la identidad del proceso SER HUMANO, tiene lugar en el hipotálamo.

Yo es la estructura de convergencia de información existencial y arreglos causa y efecto que definen las identidades primordial y cultural del ser humano.

XV

Pulsación Universal

Extraordinaria interacción energética de la que podemos hacernos, todos y cada uno, partes interactivas conscientemente

No hay nada a lo que no podamos llegar que concierna a nuestro proceso ORIGEN del que somos un sub-espectro. Sólo tenemos que observar todo cuanto tiene lugar alrededor nuestro, y en particularmente en nosotros mismos, con otra actitud mental.

No nos hemos ocupado en desarrollar el aspecto de la ciencia concerniente a nuestra estructura trinitaria *alma-mente-cuerpo* y su interacción con la TRINIDAD PRIMORDIAL de la que provenimos; interacción que tiene lugar a través de la pulsación del manto energético universal en el que nos encontramos inmersos. Ahora podemos comenzar a hacerlo. Así como llegamos a describir la Unidad Existencial (Parte III) trascendiendo a ella por la mente desde nuestro entorno en el universo, así podemos hacerlo en relación a estas dos estructuras trinitarias y la pulsación del manto energético universal por la que interactúan continua, incesantemente.

Si nuestros océanos en la Tierra son las últimas fronteras a explorar de nuestro planeta, la estructura del manto energético universal, la modulación o el "entretejido" de la red espacio-tiempo en la que estamos inmersos en nuestro universo, es nuestro reto real en la exploración del proceso ORIGEN del que provenimos.

La estructura de vibración, de pulsación del manto energético primordial en el que se halla inmerso Todo Lo Que Existe, Todo Lo Que Es, es el resultado de las redistribuciones de
las asociaciones y disociaciones de sus estructuras energéticas, de los intercambios entre sus innumerables galaxias
y sus constelaciones, y de las interacciones que tienen lugar
entre sus universos de vida, entre sus colectividades de formas de vida que son las unidades de inteligencia (de interacción) del proceso existencial.

Esta colosal estructura de información existencial, que teniendo lugar sobre un fantástico espectro de pulsación se reconoce a sí misma, es la Consciencia Universal de la que somos unidades inseparables; es a la que hoy podemos explorar conscientemente, desde aquí, desde la Tierra y desde a-
hora.

El reconocimiento del proceso existencial consciente de sí mismo tiene lugar en la configuración particular de las moléculas de
vida, de las moléculas ADN que conforman el cuerpo de la estructura energética trinitaria *alma-mente-cuerpo* sobre el que se establece y sustenta el proceso SER HUMANO que es un sub-espectro del proceso ORIGEN.

Para entender nuestro proceso ORIGEN del que somos partes
inseparables, en el que estamos inmersos y con el que interactuamos continua, incesante, permanente, eternamente, tenemos acceso a toda la información que necesitamos para ello. Tenemos
en nuestra propia estructura trinitaria la herramienta natural de la
que son absolutamente análogos los arreglos energéticos que resultan de la tecnología humana; los arreglos que empleamos en
nuestras aplicaciones locales, en el planeta, y en el espacio exterior para el procesamiento de información, y comunicaciones y
control.

Nuestra estructura energética trinitaria que sustenta el proceso SER HUMANO (que es un sub-espectro del proceso ORIGEN) es una réplica a *imagen y semejanza* de la estructura TRINITARIA PRIMORDIAL sobre la que tiene lugar la FUNCIÓN EXISTEN-CIAL CONSCIENTE DE SÍ MISMA, la Consciencia Universal. Finalmente podemos alcanzar, a través de nuestra mente, un sub-espectro de la Mente Universal, la configuración de la Unidad Existencial de la que nuestro universo es componente temporal, y hacernos parte consciente de las interacciones y comparaciones que resultan en la Consciencia Universal, Dios, que se rige por el Principio de Armonía que da lugar a las leyes que rigen el proce-so existencial y sus versiones temporales en nuestro universo.

En esta sección, antes de ir a la descripción funcional de la es-tructura de la TRINIDAD PRIMORDIAL, Parte II, y a las bases ra-cionales por las que se llega (a través de la mente) o por las que se reconoce y describe la estructura de la UNIDAD EXISTEN-CIAL, Parte III, veremos algo sobre el manto energético primordial y su estructura de pulsación.

Estamos inmersos en un manto energético pulsante, en el manto en el que se encuentra inmersa la Forma de Vida Pri-mordial.

Todo pulsa, todo vibra; absolutamente todo. No hay existencia de nada que no vibre en algún rango, en algún sub-espectro de vibración, sea alcanzable o no por nuestros sentidos o la instru-mentación con la que nos ayudamos.

Una roca que aparece inmóvil a nuestros ojos es una colección cerrada de infinitas pulsaciones, vibraciones.

Toda roca es una asociación de átomos, de células energéti-cas constituídas por núcleos pulsantes que inducen la orbitación de electrones que rotan sobre sus ejes. La puesta en fase de órbi-tas y pulsaciones de sus átomos es lo que da por resultado la a-sociación o la unidad sólida a la que llamamos roca.

Un burbujeo en un sitio de un estanque de agua genera vibra-

ciones que desde allí se expanden sobre toda la superficie de a-
gua en círculos, en ondas circulares.

Algo similar tiene lugar en el manto energético en el que estamos inmersos. Localmente, en el sistema solar, el burbujeo del
Sol, la pulsación generada por las disociaciones y reasociaciones
de átomos, nos llega sobre un amplio rango cubriendo sub-espectros ultravioleta (UV), visible e infrarrojo.

De la misma manera ocurre con la pulsación generada por la
Forma de Vida Primordial (Parte III), que nos llega en un sub-espectro que no se detecta por los sentidos ni la instrumentación del
hombre, sino que se integra por las configuraciones de los arreglos biológicos, y se procesa y decodifica para hacerse consciente gracias a la distribución particular de las moléculas de vida que
sustenta el proceso SER HUMANO.

El proceso SER HUMANO, dimensión *Hijo* de la estructura de
Consciencia Universal, se establece sobre, y se sustenta por una
colosal estructura trinitaria resonante[Ref.(A).3] que interactúa con la
dimensión *Madre/Padre* de la Forma de Vida Primordial que ya
hemos presentado en la Figura IV y a la que nos introduciremos
energéticamente en la Parte III.

Nos interesa tener una mejor idea acerca de la estructura del
manto energético universal puesto que la Consciencia Universal
reside en él.

Nuestro manto energético inmediato es el manto solar, y éste
es una modulación del manto galáctico. A su vez, el manto de la
galaxia Vía Láctea es una modulación del manto universal, y éste,
una modulación del manto de fluído primordial. Es decir, estamos
en una dimensión o nivel de modulación de una estructura en "capas de cebolla".

**La Consciencia Universal es una configuración de inter-
modulación, de "tejido de señales", de asociación de vibraciones en la red espacio-tiempo del universo, y en la distribución del fluído primordial del que la red espacio-tiempo es u-**

na "capa".

La ciencia reconoce inmediatamente el concepto de intermodulación del manto energético universal, aunque no su estructura a la que modela como *campos de fuerzas*. Pero para los demás seres humanos el concepto de intermodulación no es nada sencillo, ni siquiera en esta era de comunicaciones a través de la modulación de señales en el sub-espectro electromagnético (ELM) en el que se conducen todas nuestras comunicaciones de radio, televisión, teléfonos e internet, y de los sistemas de control de sondas espaciales.

La comunidad científica sabe que la información primordial del proceso ORIGEN de nuestro universo está en la radiación cósmica de fondo, siendo el proceso UNIVERSO una componente temporal del proceso existencial que ya veremos en la Parte III, pero esta radiación no es interpretada correctamente pues no se ha resuelto el aspecto fundamental de la temperatura absoluta a la que se toma como cese de intercambio energético, un cese que jamás puede ocurrir en la estructura de Consciencia Universal que siendo eterna requiere de un intercambio energético permanente, incesante... eterno. Este aspecto se resuelve en el *Modelo Cosmológico Consolidado Científico-Teológico*[Ref.(A).1] al que nos referiremos en las Partes II y III.

La ciencia no reconoce que la temperatura Cero Absoluto no es tal sino la temperatura media del entorno de convergencia de dos sub-dominios energéticos cuya interacción resulta en el dominio material (a ver en la Parte III).

La Consciencia Universal es el resultado de interacciones entre complejas colectividades o universos de constelaciones o estructuras de información, y sus comparaciones en diferentes constantes de tiempo, en diferentes rapideces de procesamiento frente a una estructura de referencia absolutamente constante, eterna, inmutable.

La vida, la existencia consciente de sí misma, es posible gracias a la pulsación del manto energético universal que estimula y sustenta las interacciones en la estructura de Consciencia Universal de la Forma de Vida Primordial.

El ser humano integra, suma o "absorbe" energía primordial, energía espiritual, y eso cambia el estado de pulsación, de vibración de su cuerpo, de la trinidad que define y sustenta el proceso SER HUMANO.

Este intercambio puede entenderse al reconocer a las moléculas ADN como unidades de resonancia entre los dos subdominios energéticos primordiales (Parte III) cuyas interacciones establecen el dominio temporal, el dominio en el que nos encontramos y que dicho sea de paso es eterno, aunque se reconfigura permanente, incesantemente.

Desde muy temprano el ser humano reconoció la presencia de "algo" primordial, del *espíritu de vida, del "aliento" de vida,* tal como se le llamó al principio a lo que, proviniendo de una fuente primordial, nos da vida, nos hace reaccionar, llorar, al ser dados a la luz al dejar el vientre materno, aunque en realidad ya tenemos vida antes de ser concebidos en esta manifestación temporal. Al llorar se pone en marcha el proceso racional del nuevo ser; proceso que va a dar lugar a su identidad cultural temporal a partir de su identidad primordial.

La versión elemental del *espíritu de vida* es pulsación de vida; es pulsación con información de vida; es la estructura de pulsación del manto energético universal por la que se transfiere la información de vida entre los diferentes entornos del universo, y por la que podemos interactuar con el proceso del que provenimos. Luego reconocemos al Espíritu de Vida como la estructura de referencia absoluta del proceso existencial[Ref.(A).1], que se encuentra sobre la componente primordial de pulsación de toda la Unidad Existencial, componente que no puede ser afectada por nada, por absolutamente nada que ocurra dentro de la Unidad Existencial. Al entorno de la Unidad Existencial en el que se encuentra la referencia absoluta, el Espíritu de Vida, o mejor dicho, donde se pro-

ducen las interaciones que lo establecen, definen y sustentan, podemos llegar con nuestra mente; o experimentar Su presencia a-
quí, en nosotros mismos, en la componente *alma* de nuestra trinidad que es un sub-espectro de la TRINIDAD PRIMORDIAL con la
que nos vinculamos, precisamente, por la pulsación del manto e-
nergético universal. El Espíritu de Vida es el *alma* de la TRINI-
DAD PRIMORDIAL; es la referencia absoluta del proceso existencial y las interacciones que sustentan la Consciencia Universal.
Espíritu de Vida es la componente inmutable de las relaciones
causa y efecto que establecen, definen y sustentan el proceso e-
xistencial que tiene lugar dentro de la Unidad Existencial.

Una pulsación elemental es simplemente una oscilación de un
objeto entre dos posiciones o entre dos estados energéticos del
mismo.

Si el objeto observado cambia de posición en el espacio, de un
punto A al B, lo que observamos es un pulso, un cambio de posición o de estado de asociación con respecto a la referencia; y si
cambia de A a B y de B a A continuamente, tenemos una pulsación continua del objeto entre esas dos posiciones.

Si el *estado energético interno* dado por la temperatura, masa
o el aspecto o variable que sea de nuestro interés relativo a la
asociación de las partículas que establecen y definen al objeto,
cambian entre dos valores continuamente, se dice que el estado
energético del objeto pulsa entre esos dos valores, aunque él no
se mueva del lugar en el espacio en el que se encuentra.

Pareciera muy simple este aspecto, pulsación, de la fenomenología energética del proceso existencial, sin embargo, tiene una
importancia fundamental.

Veamos.

**La pulsación primordial es la que mantiene la unión entre
todo lo que existe, todo lo que es, cuyo origen tenemos** Ref.(A).1

---

y luego veremos brevemente.

Temperatura es la indicación de una relación primordial en el manto de fluído primordial (que se controla a través de la pulación de los elementos del fluído primordial) y por esa relación se definen las diferentes "capas" del manto energético universal y sus campos de fuerzas primordiales y universales [Ref.(A).1].

Entre las fuerzas primordiales tenemos las de conscientización: *amor y temor.*

Los dominios energéticos se establecen, definen y sustentan por asociación de partículas primordiales que no vemos, que tienen una frecuencia de pulsación común.

La luz es un fenómeno de resonancia universal que tiene lugar en la "capa", en la dimensión de asociaciones del manto energético universal que separa los dominios material y primordial (espiritual), que se genera por un sub-espectro particular de pulsación que se distribuye por el manto energético universal.

Con diferentes complejidades, la interacción que tiene lugar a través del manto energético solar entre la luz y las estructuras biológicas de los vegetales para generar clorofila es de la misma naturaleza que la que señalamos al comienzo de esta sección y que repetimos a continuación,

El ser humano integra, suma o "absorbe" energía primordial, energía espiritual, y eso cambia el estado de pulsación, de vibración de su cuerpo, de la trinidad que define y sustenta el proceso SER HUMANO.

La luz es la consciencia del sub-espectro de pulsación fundamental para la asociación de las moléculas de vida. Así como el agua es la interfase fundamental para la asociación de las moléculas de vida ADN, la luz es la pulsación fundamental dentro del seno del agua para generar los campos y distribuciones de fuerzas que inducen las asociaciones; y estas asociaciones tuvieron lugar conforme a las inducciones desde otra dimensión de información de vida contenida en el manto energético universal, en la etapa inicial de su "coalescencia" sobre la Tierra, sobre el nuevo entorno energético listo para concebir, demodular o decodificar esa información.

La radiación ultravioleta (UV) nos daña si tiene una intensidad mayor a un cierto límite, pero nuestra comunicación con el proceso ORIGEN tiene lugar a una frecuencia de pulsación, a una "radiación" de frecuencia inmensamente mayor que la UV, pero a una intensidad por unidad de superficie de nuestra piel mucho menor que la UV. Esta "radiación" primordial es la que se integra a través de toda la piel, de la "antena" del proceso SER HUMANO Ref.(A).3, y se procesa en su Yo, en la estructura de convergencia de información existencial y arreglos causa y efecto que definen las identidades primordial y cultural del ser humano. El Yo, la identidad del proceso SER HUMANO tiene lugar en el hipotálamo.

Origen de la pulsación existencial.

Como ya mencionamos, y de alguna manera lo intuímos, es decir, lo sabemos a nivel primordial, no habría vida sin la pulsación existencial.

La naturaleza de la existencia es binaria.

La existencia es asociación de sustancia primordial y su movimiento primordial, rotación, que oscila entre dos estados límites y que se ve como pulsación de sus rotaciones. Las asociaciones y disociaciones que tienen lugar en el manto de fluído primordial causan que las rotaciones de los elementos de sustancia primordial y sus asociaciones, las partículas primordiales, se aceleren o desaceleren, y esas variaciones causan las ondas o vibraciones en todo el manto de fluído primordial y todas sus "capas" o niveles[Ref.(A).1]. No importan las magnitudes relativas de asociación o de masa, de las magnitudes de pulsación (las longitudes de onda de las oscilaciones) ni sus frecuencias, pero todo lo que es, todo lo que existe, pulsa; absolutamente todo, lo veamos o no, lo detectemos o no.

La pulsación primordial es la que mantiene la unión entre todo lo que existe, todo lo que es.

Desde el punto de vista energético (de relación causa y efecto entre lo que ocurre en nuestro dominio, o la vida consciente de sí misma en un dominio energético y la causa en el otro dominio e-nergético) la pulsación es el espíritu de vida (la "brisa" de vida de nuestros ancianos).

La pulsación de las estructuras energéticas, de todas las estructuras materiales a todo nivel, es consecuencia inescapable de la pulsación del manto de *fluído primordial*, del manto energético universal en el que todas las asociaciones se hallan inmersas.

La pulsación del manto energético universal no es generada por la Forma de Vida Primordial ni por la estructura de referencia, el Espíritu de Vida; no. Es generada por la reacción del fluído primordial frente a la nada, al vacío absoluto fuera de la superficie energética que separa a la Unidad Existencial de la No-Existencia fuera de ella[Ref.(A)1].

La presencia de la pulsación existencial no depende de absolutamente nada ni nadie; ni siquiera de la voluntad de Dios.

Lo que hace Dios, la Forma de Vida Primordial, es modular la componente fundamental, la de mayor frecuencia de pulsación del fluído primordial.

La modulación de la componente fundamental de pulsación del fluído primordial contiene la información de vida y el protocolo de interacciones para acceder a la Consciencia Universal, para ponerse en sintonía por la que hacerse parte consciente de ella[Ref.(A).3]. Esta modulación está siempre presente en el manto energético universal, y es accesable y demodulable por todas las formas de vida[Ref.(A).1], inconsciente o conscientemente, en un sub-espectro de pulsación particular para cada especie.

Ahora bien.

Tenemos experiencias observables, explicables y replicables, de interacciones entre sistemas pulsantes que tienen lugar a través de un sub-espectro de pulsación del manto energético universal, en el sub-espectro electromagnético (ELM).

NOTA para Ciencias.

El fluído primordial, que tiene una pulsación a la frecuencia fundamental del proceso existencial (frecuencia de la que Todo Lo Que Es, Todo Lo Que Existe, vibra o pulsa a frecuencias armónicas de ella), es análogo al fluído de cargas eléctricas suministradas por la fuente de potencial continuo (V_{CC}) de los sistemas electromagnéticos, las que tienen pulsación a la mayor frecuencia en nuestro dominio y hacen posible el diseño de nuestros sistemas resonantes RLC (Resistivo-Inductivo-Capacitivo) a frecuencias armónicas.

Basados en nuestras experiencias en el sub-espectro electromagnético, lo que deseamos destacar aquí, en esta presentación, es que los dos componentes de interacciones de la Consciencia Universal, Dios, la dimensión *Madre/Padre* o el proceso ORIGEN, y la especie humana, la dimensión *Hijo*, su recreación, el proceso SER HUMANO, son absolutamente análogos, conceptualmente, a los dos componentes de un sistema de interacciones en el sub-espectro electromagnético (ELM), salvando las complejidades energéticas de ambos procesos ORIGEN y SER HUMANO. Al ser válida esta analogía y estar familiarizados con los sistemas de interacciones en el sub-espectro electromagnético, se nos hace mucho más simple visualizarnos a los seres humanos como componentes de una estructura binaria de interacción consciente de sí misma, la Consciencia Universal.

En nuestras aplicaciones de sistemas de interacciones entre dos unidades emisor-receptor, ya sea de intercomunicación o de un arreglo de control de Tierra-estación espacial, sus dos componentes interactúan a través de la modulación de la pulsación natural del manto energético universal, en un canal particular de frecuencia de operación (que es la *frecuencia portadora* del sistema), y con un cierto ancho de banda del canal.

Bajo esta analogía,

ambos componentes de la Consciencia Universal, Dios y la especie humana universal, no solo la de la Tierra, son unidades de interacciones con una estructura energética que los hace emisores-receptores con los que modulan y demodulan la pulsación contenida en el manto energético universal.

Nos preguntamos lo siguiente.

¿Cómo es que esta estructura de Consciencia Universal, una unidad binaria de interacciones, esté compuesta por una especie humana universal de infinitos (por innumerables) individuos mientras que el otro componente, Dios, es solo uno?

Pues no es así.

El otro componente, Dios, es otro número de individualidades cuya integración conforma el nivel *Madre/Padre* de la estructura de Consciencia Universal. Esas individualidades son las que se transfieren de un universo a otro, de una dimensión existencial a otra, por un mecanismo al alcance de todos que se puede revisar en la referencia (A).1.

Dios, energéticamente, es Todo Lo Que Es, Todo Lo Que Existe; y en las interacciones que sustentan la Consciencia Universal es la dimensión *Madre/Padre* compuesta por todos los individuos de otro universo en otro nivel de consciencia, de realidad existencial hacia el que evolucionamos nosotros, y desde el que luego guiaremos a otros en otro ciclo de recreación por el que se sustenta la eternidad de la Consciencia Universal.

Entonces, ¿Dios no existe como una entidad "separada" en la estructura de la Forma de Vida Primordial?

No.

Dios es Todo Lo Que Es, Todo Lo Que Existe.

Así como el color blanco es la suma de los colores, Dios es la suma de las unidades de inteligencia cuyas interacciones definen a Dios; así como amor es la suma de todas las emociones.

Hay más Dios todavía.

Tenemos a DIOS, y a Dios, que veremos en las dos siguientes Partes. O dicho de otra manera, sólo hay un DIOS, una Fuente Absoluta Consciente de Sí Misma, de la que alcanzamos diferentes dimensiones de Consciencia.

Para los científicos que manejan las descripciones de estructuras eternas como una suma abierta, infinita, interminable, de componentes temporales, el reconocimiento de Dios como suma de individualidades, de unidades de inteligencia, no debería presentarles dificultades. [Ver referencia (A).1, sección Descripción Matemática de la Eternidad].

Veamos un poco más específicamente la interacción entre el manto energético universal y el ser humano.

Todo es definido por una asociación de sustancia primordial, o de "materia prima" primordial (valga la redundancia), de unidades de carga, de rotación, que se vinculan, se unen, conformando las estructuras materiales partiendo desde el nivel de partículas primordiales. Y esas estructuras se hallan inmersas en un colosal océano de fluído primordial, de asociaciones de sustancia primordial en un nivel primordial que es inalcanzable físicamente pero experimentable por sus efectos.

Y aquí está lo que debemos visualizar primero, entender luego.

¿Cómo se experimenta algo que no se alcanza físicamente porque está en otra dimensión de asociaciones indetectables por nuestros sentidos materiales, e indetectables por la instrumentación del hombre?

Por las experiencias en nuestra trinidad energética; experiencias de las que no nos cabe duda, ¡a las que no podemos negar!

Experimentamos sentimientos y emociones.

Cultivamos con amor a una planta y ésta responde mejor, florece más vivamente.

¿Como reconocen las plantas nuestras actitudes?

Compartimos arreglos primordiales en nuestras estructuras energéticas.

Experimentamos encuentros e interacciones espirituales, a las que consideramos inmateriales.

¿Cómo lo hacemos?

A través de la estructura de Consciencia Universal, al demodular la información desde el manto energético, y procesarla, por lo que experimentamos emoción; todo lo cual ocurre en el arreglo de moléculas ADN de nuestro cuerpo que es análogo al de la estructura en la dimensión Madre/Padre (analogía limitada a un sub-espectro en el que nos mantenemos por nuestras decisiones en relación con el proceso ORIGEN).

Tenemos que prestar atención a nuestro arreglo espacial de moléculas ADN que conforma una extraordinaria estructura de proceso análogo al proceso universal.

El proceso SER HUMANO contiene todas las funciones del proceso existencial, aunque en sub-espectros limitados. Si podemos demodular la información primordial desde el manto energético universal, tenemos que tener los arreglos compatibles para hacerlo; tan compatibles como para que lo que procesamos sea recibido y procesado por la estructura con la que interactuamos... ¡con el proceso ORIGEN! Nuestro arreglo ADN conforma un sistema resonante con todos los componentes para controlar [Ref.(A).3] las interacciones con todo el resto del universo, de modo de mantener el estado natural de sentirse bien del proceso SER HUMANO para crear las experiencias que desea, o propósitos frente a las circunstancias temporales.

¿Queremos pruebas, confirmación de todo esto?

Si lo que experimentamos no nos confirma la relación que tenemos con el proceso ORIGEN y que ocurre a través del único medio energético o fluído que es absolutamente común para todos, en el que Todo Lo Que Es, Todo Lo Que Existe se halla inmerso, ¿qué va a confirmarlo?

No podremos confirmar lo que neguemos de antemano.

Comencemos a incorporar las experiencias e información primordiales a nuestro arreglo de causa y efecto, y comenzaremos a tener otra realidad; comenzaremos a trascender a otro entorno de consciencia.

Podemos no entender cómo tiene lugar todo cuanto experimentamos, pero si deseamos entender energéticamente la vinculación entre la causa y el efecto que experimentamos, la consciencia, los sentimientos, las emociones, algo tenemos que hacer para llegar a la causa, a la Fuente, al proceso ORIGEN[Refs.(A).2, (A).3]. La información primordial está dentro nuestro, en nuestro propio arreglo trinitario.

Un aspecto de gran interés es reconocer en la pulsación fundamental del manto energético universal a los dos componentes que a nivel energético generan los campos de las *fuerzas primordiales de asociación y disociación,* que son respectivamente las *fuerzas de amor y temor* en la estructura de Consciencia Universal; y reconocer la presencia de la intermodulación que contiene las *orientaciones primordiales* del sistema de interacciones *Madre/Padre-Hijo* de la Consciencia Universal, sistema binario cuyos componentes son, precisamente, *amor y temor.*

Amor es el sentimiento de Unidad; es decir, a un nivel de consciencia, de reconocimiento de orientaciones primordiales, amor es una estimulación en ese sentido, a actuar, a responder como parte de una Unidad, frente a todo lo que nos ocurra, y particularmente en relación a otros seres humanos y formas de vida que también son parte de la misma única unidad. Esta estimulación es dada por un estado de pulsación de la Forma de Vida Primordial, por una configuración de pulsación que se produce en un arreglo ADN primordial particular, y se reconoce por una versión *Hijo* del mismo arreglo ADN en la identidad primordial del individuo de la especie humana; y la resonancia, la exuberancia energética que se genera en el individuo receptor, excita al arreglo de su identidad cultural, y ésta decide seguirla, aunque en la mayor parte de los casos lo hace según una versión cultural, o la ignora, por seguir a la versión cultural de la otra estimulación primordial, el temor.

Notemos que la resonancia tiene lugar en la identidad primordial del individuo.

Esa resonancia, exuberancia energética, es una excitación para el arreglo de identidad cultural temporal.

Luego,

si la respuesta está en armonía con la Fuente de la estimulación, con Dios, el cambio de estado de pulsación del arreglo de identidad cultural que se produce por ese proceso, se transfiere al arreglo de Consciencia Universal y se produce la experiencia de la emoción correspondiente, alegría, felicidad.

El amor es un estado de pulsación de la Forma de Vida Primordial que se modula sobre la componente fundamental de la pulsación del manto de fluído primordial.

NOTA.

ANALOGÍA de componente fundamental (o primera armónica).

Siendo una entidad binaria, el ser humano tiene dos componentes fundamentales de pulsación: ritmos cardíaco y respiratorio. Sobre estas dos pulsaciones se modulan los cambios que ocurren en su estructura trinitaria; análogamente en la Forma de Vida Primordial.

Puesto que la Forma de Vida Primordial tiene como propósito continuo, permamente, eterno, el de recrearse a sí misma pues es el mecanismo por el que se sustenta eternamente, tiene un estado de pulsación permanente sobre esa componente fundamental de pulsación del manto de fluído primordial que no es afectada por nada... ¡pues es la fundamental!; no hay otra componente de pulsación mandatoria, sino esa.

Al llegar esa pulsación primordial al arreglo ADN, que resuena

a ella, se genera una diferencia de pulsación, o un *gradiente de pulsación*, entre el receptor (el alma) y la estructura de identidad cultural temporal con respecto al valor de "reposo", sin amor.
Este gradiente es una fuerza; es la fuerza del amor.
Amor es también una emoción.
Amor es un estado de resonancia resultado de un proceso racional llevado a cabo en armonía con el sentimiento de amor. El proceso llevado a cabo en armonía con la estimulación desde el proceso ORIGEN, desde la Forma de Vida Primordial, genera la resonancia que se experimenta como ambos, como felicidad y como amor.

Lo mismo ocurre con el temor, que es una estimulación de advertencia, de reflexión, y no de inhibición, rechazo y hasta de destrucción, como luego tiene lugar en sus versiones culturales.

La diferencia entre sentimiento y emoción (ambos primordiales) es que sentimiento es una estimulación unidireccional desde la Fuente y que reconoce el receptor. Emoción es resultado de la interacción del proceso racional con la estructura de Consciencia Universal.

Pensamientos normales, paranormales y erráticos.

Ya vimos que,
Pensamiento es todo lo que se hace consciente en la mente, por lo que nuestra realidad diferirá de la que definimos ahora basada solamente en los sentidos materiales.
Nuestra realidad no es solamente lo que detectamos a través de los cinco sentidos materiales (vista, oído, olfato, gusto y tacto), sino lo que de alguna otra manera entra a nuestra mente, al subespectro de nuestra consciencia, siendo esa otra manera a través del sentido de percepción, precisamente, que cubre parte del sub-

espectro no material o primordial, espiritual. Sub-espectro espiritual es el sub-espectro fuera del material, no es necesariamente un sub-espectro de experiencias felices sino que pueden ser nada placenteras, como ocurre con las experiencias paranormales malignas.

No vamos a detenernos en este aspecto. Solo destaquemos lo que sigue.

A través del manto energético universal recibimos información desde otro nivel de la Consciencia Universal que orienta nuestro desarrollo. Pero también nos llegan, y eventualmente podemos detectar y sufrir sus efectos, los espíritus erráticos o constelaciones y arreglos parcialmente conscientes de sí mismos que son partes de las estructuras temporales del proceso existencial.

De manera que todo lo que tiene lugar en la Unidad Existencial es parte de DIOS (ver Parte III), incluso estas experiencias temporales paranormales; pero Dios, la Consciencia Universal, FUNCIÓN CONSCIENTE DE SÍ MISMA que tiene lugar en la Forma de Vida Primordial, la componente consciente de sí misma del proceso existencial, de la redistribución energética que tiene lugar en toda la Unidad Existencial, nos orienta cómo hacernos libres de esas experiencias, y de las experiencias de infelicidad y sufrimiento en general [Refs.(A).2, (A).3, (C).1].

Por otra parte debemos tener en cuenta que el proceso racional humano sigue al proceso racional universal.

Por ello es que,

- No creamos conocimiento sino que desarrollamos la capacidad de hacernos conscientes de él accediendo a la Consciencia Universal;
- No creamos absolutamente nada nuevo, excepto el camino para tener las experiencias que deseamos en este entorno del proceso existencial con sus parámetros que le caracterizan.

Parte II

DIOS

Unidad Existencial
Todo Lo Que Es, Todo Lo Que Existe

FUNCIÓN EXISTENCIAL
CONSCIENTE DE SÍ MISMA

Dios

Consciencia Universal

Estructura Energética
de la TRINIDAD PRIMORDIAL
Madre/Padre, Hijo y Espíritu de Vida

XVI

Modelo Cosmológico Unificado

El *Modelo Cosmológico Unificado* es el modelo que describe el proceso existencial y la estructura energética que lo sustenta en todo el espectro energético existencial, en ambos dominios de la existencia, material y primordial o espiritual; en ambos sub-dominios energéticos, de *energía* y *energía "oscura" (dark energy, antimatter)*; en ambos sub-dominios de materia y materia "oscura".

Tanto la estructura energética que sustenta el proceso existencial consciente de sí mismo como las redistribuciones energéticas e interacciones que son parte del proceso existencial, tienen lugar en dos dominios de asociaciones de la sustancia primordial de la que todo se genera y recrea. Como hemos venido mencionando en diversas oportunidades, esos dos dominios se definen como dominio material uno, y dominio inmaterial o no-físico el otro, según se alcancen, o se detecten, con nuestros sentidos y la instrumentación del hombre, o no.

De la misma manera podemos explorar la estructura de pulsación del manto de fluído primordial y su "capa" en nuestro universo, el manto energético universal o red espacio-tiempo. Un sub-espectro es alcanzable por sus efectos en los sentidos materiales y la instrumentación del hombre; otro sub-espectro es alcanzable por la integración sobre toda la estructura molecular ADN del arreglo biológico del proceso SER HUMANO, y por integración en el tiempo sobre las estructuras energéticas cuyo efecto es lo que llamamos *evolución del universo* a la que, obviamente, no podemos seguir en nuestro dominio del tiempo sino racionalmente por sus analogías en otras estructuras del universo.

El *Modelo Cosmológico Unificado* es el modelo que describe la FUNCIÓN EXISTENCIAL CONSCIENTE DE SÍ MISMA en los dos dominios energéticos que establecen y definen la existencia de Todo Lo Que Es, Todo Lo Que Existe.

Ya lo hemos mencionado que,

La Consciencia Universal es el efecto de la hiper compleja estructura de intermodulación del manto energético primordial y todos sus niveles o dimensiones de vinculación entre sus partículas primordiales y sus asociaciones.

El *Modelo Cosmológico Unificado* **nos permite la consolidación de los** *campos de fuerzas de las estructuras energéticas primordiales* **y de los** *campos de fuerzas en las constelaciones de intermodulación* **de la estructura de Consciencia Universal.**

Ya mencionamos parte de esta consolidación a la que revisitamos a continuación.

La componente fundamental de la pulsación de la estructura TRINIDAD PRIMORDIAL sobre la que se sustenta la FUNCIÓN EXISTENCIAL CONSCIENTE DE SÍ MISMA, la Consciencia Universal, Dios, tiene un gradiente, una diferencia hacia el interior del manto de fluído primordial que llena la UNIDAD EXISTENCIAL. Ese gradiente es la fuerza primordial de asociación de la UNIDAD EXISTENCIAL que se expande por todo el manto de fluído primordial; es la *fuerza de amor* en las interacciones y comparaciones de la FUNCIÓN EXISTENCIAL CONSCIENTE DE SÍ MISMA.

La otra fuerza primordial, fuerza de disociación en la UNIDAD EXISTENCIAL, y *fuerza de temor* en la FUNCIÓN EXISTENCIAL CONSCIENTE DE SÍ MISMA, es un gradiente de variación de la pulsación en nuestras estructuras moleculares de vida, arrreglos ADN, por condiciones energéticas adversas con respecto a la estructura de referencia (condiciones dadas por la temperatura y, o presión, que se experimentan como hambre, sed, dolor, ya sea internamente o a través de los sentidos, como alta luminosidad, ruidos, presión sobre el cuerpo, etc.).

A la frecuencia de la componente fundamental de la pulsación del manto de fluído primordial sobre el que se extiende nuestro manto universal espacio-tiempo se ponen en sincronía todas las moléculas de vida de todas las formas de vida en toda la Unidad Existencial.

Todo arreglo molecular de vida responde, sigue u "obedece" inconscientemente a esta componente fundamental; luego, cuando la forma de vida está lista, cuando ha alcanzado un desarrollo determinado, reconoce conscientemente a esta misma componente como una estimulación para el desarrollo de su consciencia, de entendimiento del proceso existencial.

XVII

Yo Soy

Centro de proceso de pensamientos

"¿Estoy listo para hacerme libre y dar un 'salto' de consciencia interactuando directamente con la Consciencia Universal?"

Estamos "montados" en el proceso existencial, en el proceso de redistribución energética de la Unidad Existencial.

Acabamos de dejar atrás el "disparo" del fenómeno de la colosal expansión energética, el Big Bang, que inició el proceso UNIVERSO[Ref.(A).1].

Estamos en la galaxia Vía Láctea y vamos describiendo rápidamente lo que observamos.

Conforme se expande la nuclearización solar, en su entorno de convergencia [Ref.(A).1] del sistema solar (entorno al que nos referiremos en la Parte III), aparece la Tierra.

La Tierra es, como otros entornos energéticos adecuados en el universo, una estación remota de concepción y desarrollo de vida universal.

El entorno energético adecuado para la concepción o demodulación de la información de vida presente en el manto energético universal en el que se halla inmersa la Tierra, es definido por una estructura planetaria particular, por una cadena de átomos en particular, y por su distribución espacial también en particular. La nuclearización energética que da lugar a la Tierra sigue una inducción específica que es parte de la inteligencia del proceso de re-creación de la Unidad Existencial que está teniendo lugar a través del sub-proceso UNIVERSO[Ref.(A).1]. Esta inteligencia es inherente al arreglo del manto energético universal.

En un momento dado de la estructura energética del planeta, una "coalescencia" o demodulación de información de vida desde el manto energético universal que converge sobre el sistema so-lar, sobre una órbita en particular de él, llega y envuelve a la Tie-rra dando lugar en ella a la concepción de vida universal.

Continúa transcurriendo la evolución energética universal.

Junto a la evolución energética del dominio material del planeta ocurre la evolución de la intermodulación del manto energético universal que contiene la información de vida y el protocolo de interacción entre las unidades demoduladas y el manto energético. (Tengamos siempre presente que la informa-ción de vida y el protocolo de interacción son inherentes a la es-tructura del manto energético universal, tal como lo es el arreglo de control de evolución de la distribución espacial de las estructu-ras energéticas del universo y de la Unidad Existencial).

Los cambios energéticos del sistema solar y la Tierra van dan-do lugar a demodulaciones de información de vida en lotes discre-tos, no continuos (excepto en el nivel primordial de intermodula-ción).

Llegamos a la etapa de la evolución que ha resultado en las formas de vida superiores.

Aparece el Homo Sapiens.

La estructura biológica Homo Sapiens alcanza un desarrollo de su sistema nervioso que le permite interactuar (inconscientemente hasta ese momento) con el proceso existencial y con las manifes-taciones de vida con las que comparte el entorno de vida, y pro-cesar la información energética que recibe; ya puede comenzar a establecer relaciones causa y efecto conscientemente. Con este desarrollo el Homo Sapiens alcanza el reconocimiento de sí mis-mo.

"Nace" el proceso SER HUMANO en la Tierra, es decir, comienza el desarrollo de consciencia del proceso SER HUMA-
NO que sustenta el arreglo biológico Homo Sapiens.

Las unidades Homo Sapiens que no alcanzan el desarrollo a-
decuado van extinguiéndose, "desapareciendo" naturalmente.

El Homo Sapiens es resultado de un sub-espectro temporal de
una colectividad de individualidades del proceso ORIGEN, de su
Consciencia Universal, Dios, que está presente en la intermodulación del manto energético universal.

La especie humana "surge", se distingue del resto de las especies que le preceden y que tienen consciencias de placer y sufrimiento y de sí mismos (Yo) alcanzadas en ese orden, luego de
que se completa en el Homo Sapiens el desarrollo de una realimentación en particular de su proceso racional; es la realimentación que en el individuo que ya se reconoce a sí mismo da lugar a
su consciencia de un estado al que luego define como la *emoción
de la envidia*, además de las consciencias de las emociones de
amor, temor, coraje y pena.

Las consciencias de sí mismo (Yo) y de *placer y sufrimiento*
son resultados de la capacidad de pensar, de ordenar los pensamientos, las estructuras de información y experiencias, y de invo-
carlos y, o generarlos y ordenarlos para buscar cómo mantener el
estado natural (sentirse bien) de su *identidad primordial* (Yo)
frente a la cuál se experimenta la consciencia de placer o sufrimiento.

La nueva generación de recreación del proceso ORIGEN que
tiene lugar a través de la manifestación local temporal en la Tierra
del proceso SER HUMANO eterno, recibe continua, incesantemente, estimulaciones y orientaciones primordiales desde la dimensión *Madre/Padre* del proceso ORIGEN, desde la dimensión
Madre/Padre de la Consciencia Universal, a través de la pulsación del manto energético universal.

Absolutamente, todo proceso racional en el proceso local
SER HUMANO tiene origen en una estimulación, en un pen-

samiento que proviene del proceso **ORIGEN**, en un pensamiento **ORIGINAL**.

NOTA 1.

Posteriormente, las distorsiones culturales de los pensamientos ORIGINALES son las que nos conducen al desarrollo de la especie humana presente en la Tierra en desarmonía con nuestro proceso ORIGEN [Refs.(A).2, (A).3 y (C).1].

El pensamiento ORIGINAL llega a la estructura de identidad del proceso SER HUMANO y estimula su reacción para procesar ese pensamiento en la dirección que trae inherentemente en él. Por ejemplo, uno de esos pensamientos ORIGINALES (que más adelante se reconoce como *deseo*) es la urgencia sexual para estimular la reproducción de la especie, a un nivel de reconocimiento, y luego, a otro nivel de consciencia, para experimentar y disfrutar la recreación, a nuestro nivel, de la Unidad Binaria Primordial sobre la que se sustentan las interacciones que resultan en la Consciencia Universal.

NOTA 2.

El acoplamiento *macho-hembra* de las formas de vida es analogía de un acoplamiento energético primordial, el mismo que a escala de la Unidad Existencial da lugar al fenómeno del Big Bang y que el desarrollo de la especie humana presente en la Tierra basado en temor no le permite reconocerlo. Nuestra versión cultural del *temor primordial* (que es otro pensamiento ORIGINAL) inhibe el reconocimiento de las estimulaciones primordiales o la toma de acción frente a ellos [Refs.(A).2, (A).3 y (C).1].

Cuando la *identidad primordial* del proceso SER HUMANO recibe el pensamiento, ella actúa conforme al protocolo inherente a su arreglo de relaciones causa y efecto con el que llegó a esta manifestación. Estas reacciones se modulan luego culturalmente, por las actitudes de los otros individuos de la colectividad, del grupo social al que se pertenece, porque cada uno de sus individuos percibe naturalmente las mismas estimulaciones u orientaciones primordiales con alguna diferencia. Las diferencias de percepción entre los individuos se corresponden con sus identidades primordiales como individualizaciones particulares, únicas, del proceso ORIGEN.

El nuevo juego de relaciones causa y efecto que se va "construyendo" sobre el arreglo que establece y define a la *identidad primordial* del proceso SER HUMANO es lo que llamamos *identidad cultural temporal*.

El arreglo de *identidad primordial* tiene lugar en el alma, en una unidad de proceso situada en el hipotálamo, que rige el desarrollo del arreglo biológico, de la colosal estructura de moléculas de vida (ADN) que conforma el *cuerpo* del proceso SER HUMANO, y estimula la interacción de esta estructura *sensora-receptora-procesadora-emisora* con todo el resto del universo desde el entorno en el que se encuentra presente.

El volumen de fluído primordial en el que se encuentra presente el arreglo biológico, y que es parte de la estructura trinitaria, es el que contiene la *mente*, la configuración de movimientos, vibraciones, pulsaciones de toda la estructura molecular ADN biológica; estructura de movimientos que se transfiere al manto energético universal, a su estructura de pulsación en el dominio primordial, a la Mente Universal.

La piel, cualquier y todo punto de ella, pulsa a dos ritmos, el cardíaco y el pulmonar; y toda la piel, pulsando a esas frecuencias contiene el resultado de todas las pulsaciones de todas las células, a su vez, asociaciones de moléculas de vida.

La piel del cuerpo humano (incluyendo los sentidos) es una fantástica antena de un sistema de interacciones ¡en todo el sub-espectro de la FUNCIÓN EXISTENCIAL CONSCIENTE DE SÍ MISMA!; de la función a la que vamos a referirnos pronto.

De la estructura trinitaria *alma-mente-cuerpo* que sustenta el proceso SER HUMANO resulta de interés el Yo, el actuador, el que ejecuta la decisión de la identidad cultural temporal.

Entre los pensamientos primordiales que recibe permanentemente el proceso SER HUMANO desde su proceso ORIGEN, desde la Consciencia Universal, está el concepto Dios.

XVIII

Yo

Actuador del proceso SER HUMANO

Regresemos al momento en que el Homo Sapiens se reconoce a sí mismo.

¿Qué define el Yo en la estructura de identidad del proceso SER HUMANO?

El Yo es la consciencia de sí mismo.

La consciencia de sí mismo es el resultado de la convergencia de las relaciones causa y efecto que definen las identidades primordial y cultural del individuo (relaciones que se encuentran en las estructuras de memoria del arreglo biológico), y de toda la información del proceso existencial que continuamente se recibe a través de los sentidos materiales (vista, oído, olfato, gusto y tacto) y el de percepción (a través de la mente).

La consciencia de sí mismo es resultado de la comparación, de la convergencia antes descripta, con la estructura de la Consciencia Universal y el estado primordial de sentirse bien.

La convergencia se compara con la colosal colección de individualidades que forman parte de la estructura de interacciones de la Consciencia Universal, y por resonancia ésta transfiere el reconocimiento, la consciencia de sí mismo, al individuo que interactúa con Ella inconsciente o conscientemente.

La convergencia que define al Yo tiene lugar en el hipotálamo del cuerpo humano, en el entorno de convergencia del mismo.

El Yo es el actuador del arreglo de control del proceso racional que se reconoce a sí mismo.

El proceso racional que se reconoce a sí mismo es parte de la compleja estructura multidimensional de identidad que tiene la capacidad inherente de interactuar, de razonar, de establecer nuevas relaciones causa y efecto que se integran a la estructura de identidad.

Paradójicamente, por la complejidad inherente a un arreglo físico tan pequeño en el cuerpo humano es que visualizamos mejor una aproximación a este arreglo humano a través del arreglo de la TRINIDAD PRIMORDIAL, de la que nuestro arreglo trinitario es una réplica a otra escala, a *imagen y semejanza*.

De modo que tenemos dos arreglos análogos en dos dimensiones energéticas: trinidad humana y TRINIDAD PRIMORDIAL.

La interacción entre estas dos trinidades, entre cada trinidad humana (de cada ser humano) y un sub-espectro particular de la TRINIDAD PRIMORDIAL (sub-espectro único correspondiente a al ser humano con el que interactúa) es lo que resulta en la modulación del manto energético universal que se experimenta como el reconocimiento de sí mismo y, o la experiencia de la consciencia del aspecto por el que se interactúa.

La convergencia de todas las estructuras de información sobre el entorno de convergencia (en el hipotálamo que define el Yo) determina la pulsación de toda la estructura de información que converge. Todo el cuerpo humano es un detector de información en los diferentes sub-espectros de los sentidos; la información converge al Yo en el hipotálamo a través del sistema nervioso.

En el caso del ser humano, esta convergencia en el hipotálamo determina los ritmos cardíacos y pulmonar, como sabemos, lo que es análogo a lo que ocurre sobre la hipersuperficie de convergencia energética de la Unidad Existencial, la hipersuperficie $Z\Phi$ (a ver en la Parte III), sobre la que se encuentra la Forma de Vida Primordial, en la que tiene lugar y se sustenta la FUNCIÓN EXISTENCIAL CONSCIENTE DE SÍ MISMA.

Por lo antes dicho, una introducción a la FUNCIÓN EXISTEN-

CIAL CONSCIENTE DE SÍ MISMA que presentamos en esta Parte tiene lugar naturalmente a partir de la hipersuperficie de convergencia de la Unidad Existencial, $Z\Phi$, la entidad energética a la que llegamos por la secuencia racional que se resume luego, en la Parte III; y esta entidad $Z\Phi$ está íntimamente vinculada con la TRINIDAD PRIMORDIAL, es parte de ella.

La Forma de Vida Primordial es consciente de sí misma; es la fantástica estructura que sustenta las interacciones y comparaciones que resultan en la Consciencia Universal; interacciones y comparaciones que definen la FUNCIÓN EXISTENCIAL CONSCIENTE DE SÍ MISMA.

La Consciencia Universal tiene identidad propia absoluta; Dios.

Luego, iremos a la estructura donde reside el YO absoluto, a la hipersuperficie $Z\Phi$ de convergencia de la Unidad Existencial, de donde provino la estimulación primordial,

« Yo Soy,
Dios,
Quién te liberará de la esclavitud
(del temor y de la ignorancia, de la falta de consciencia) ».

Reconocer y entender energéticamente la superficie energética $Z\Phi$ es fundamental para ciencia y teología, para quienes deseen entender no solo la estructura energética de la Unidad Existencial y el arreglo de información eterno por el que $Z\Phi$ se establece y por el que rige la evolución de nuestro universo y las interacciones de la Consciencia Universal, sino también reconocer y entender el mecanismo de transferencia de la información de vida que tiene lugar sobre ella. Energéticamente "entraremos" a $Z\Phi$ en la Parte III, a través de nuestra mente por la que nos unimos a la de la Consciencia Universal, a la Mente de Dios.

NOTA.
Cubriendo la TRINIDAD PRIMORDIAL y la FUNCIÓN EXISTENCIAL CONSCIENTE DE SÍ MISMA en ambas Partes II y III repe-

tiremos algunas descripciones, pero en cada oportunidad relacionamos esas descripciones con nuevos elementos de la estructura de la Unidad Existencial y, o el proceso que ella sustenta. Enfatizamos a menudo en Dios como proceso ORIGEN, pero el propósito es estimular una actitud mental diferente hacia Dios precisamente como nuestro proceso ORIGEN, o como la dimensión de la Consciencia Universal de la que somos sus unidades temporales locales en la Tierra. No es nada simple resumir un material tan extenso relativo nada menos que al proceso existencial consciente de sí mismo. Por otra parte, científicamente no pueden cubrirse en detalles estos aspectos en la Parte III, sino sólo resumir las bases racionales que nos conducen al reconocimiento de la Unidad Existencial y posterior descripción del proceso que sustenta, proceso que conceptualmente se adelanta en la sección que sigue.

La colosal inmensidad de la Unidad Existencial, toda, de las redistribuciones energéticas, la pulsación del manto de fluído primordial y las interacciones entre las constelaciones de información, es lo que hace posible lo que ocurre en el entorno de convergencia ZΦ: que allí se hace consciente la intermodulación del fluído primordial de ese entorno. Allí, en ZΦ, es donde se define la Consciencia Universal; todo lo demás es para sustentar la estructura de la TRINIDAD PRIMORDIAL y las interacciones y comparaciones que tienen lugar en ella.

Vamos entonces a la Unidad Existencial,
a la Fuente Absoluta, a DIOS, en la que se encuentra la Forma de Vida Primordial cuya estructura energética TRINIDAD PRIMORDIAL sustenta la FUNCIÓN EXISTENCIAL CONSCIENTE DE SÍ MISMA, que es la estructura de intermodulación del manto de fluído primordial a la que reconocemos como Consciencia Universal, Dios.

XIX

La Fuente Absoluta

de Todo Lo Que Existe, Todo Lo Que Es, de todo lo que detectamos y experimentamos

Nos referiremos a la Figura IV que por conveniencia repetimos como FIGURA XI unas páginas más adelante.

El Principio, la Fuente Absoluta de Todo Lo Que Es, Todo Lo Que Existe, de todo lo detectamos y experimentamos es una presencia eterna, la Unidad Existencial, DIOS.

« La Verdad no puede ser ocultada ».
« El Espíritu de Vida Eterno no puede ser negado ».
"Nada puede ser creado de la nada".

La eternidad de la presencia a la que llamamos energía ha sido reconocida por Ciencia y Teología.

Fuera de la Unidad Existencial nada hay, nada existe, nada se define.

DIOS, Fuente, Origen Absoluto, es la Presencia Eterna que establece y sustenta el proceso existencial, la redistribución energética dentro de la Unidad Existencial y las interacciones que definen la FUNCIÓN EXISTENCIAL CONSCIENTE DE SÍ MISMA.

Llamamos Dios a la Consciencia de Sí Misma de la Presencia Eterna que alcanzamos en nuestro universo (la hiper galaxia Alfa en la Figura XI), componente de la Unidad Existencial.

El proceso existencial tiene dos componentes,

- Una redistribución de energía, de la pulsación existencial del manto de fluído primordial de sustancia primordial y de todas las asociaciones de esta sustancia; es el proceso ORIGEN que da lugar al sub-proceso UNIVERSO; y por éste, a las manifestaciones de vida universal entre las que se incluye el Homo Sapiens que sustenta el proceso SER HUMANO;
- Las interacciones entre estructuras de información o constelaciones de *relaciones causa y efecto*, que se comparan en diferentes constantes de tiempo frente a la componente eterna, inmutable, del arreglo *de relaciones causa y efecto* que se encuentra en un entorno de convergencia de todas las relaciones causa y efecto que tienen lugar en todo y cualquier instante del proceso existencial sobre toda la Unidad Existencial; es LA FUNCIÓN EXISTENCIAL CONSCIENTE DE SÍ MISMA.

La componente inmutable de la estructura de *relaciones causa y efecto* de la Unidad Existencial es la *referencia absoluta* del proceso existencial que en Teología se reconoce como *Espíritu Santo o Espíritu de Vida.*

Eternidad.

La eternidad es una sucesión absolutamente infinita, interminable, de recreaciones de la Unidad Existencial (recreaciones que son sus componentes temporales).

Los componentes temporales de Dios, de la estructura de Consciencia Universal, son todas las unidades de inteligencia del universo, las manifestaciones de vida, y obviamente entre ellas la especie humana.

La ciencia emplea una versión matemática de la eternidad; es la versión que da lugar a nuestra herramienta racional *Serie de*

Fourier.

DIOS.
Unidad Existencial.

Algo más específicamente,
todo parte de la presencia eterna de la sustancia primordial de
la que todo se genera y se recrea,
"No hay nada inmaterial (insustancial)",
« ¿No les he dicho que ustedes y Yo estamos hechos del
mismo polvo de estrellas (de sustancia primordial)? »,
cuyo volumen es absolutamente constante, inmutable,
"Nada se crea de la nada",
y su configuración es absolutamente cerrada, cierre expresado
por el *Principio de Conservación de la Energía,*
"La energía no se crea ni se pierde, sólo se transforma".

La Unidad Existencial es el contenedor del volumen de sustancia primordial y sus asociaciones [Ref.(A)1]; es el contenedor de la energía inherente a la sustancia primordial y sus asociaciones.

La Unidad Existencial es todo lo que contiene la hipersuperficie límite $Z_{LÍM}$ de la Figura XI.

Hipersuperficie, o superficie energética, es un entorno bi-dimensional espacialmente definido por "puntos", por "cargas primordiales" o partículas primordiales de igual densidad energética, de naturaleza binaria [los "puntos" o "cargas" son definidos por masa (cantidad de asociación de sustancia primordial) y movimiento (rotaciones, circulaciones, orbitaciones, vibraciones, pulsaciones)], con componentes en varias dimensiones espaciales y rapideces de movimiento. **La superficie del océano es, en nuestro dominio, una hipersuperficie energética simple.**

La Unidad Existencial contiene Todo Lo Que Es, Todo Lo Que Existe.

—

El volumen de sustancia primordial y sus asociaciones se distribuyen conformando una configuración inteligente consciente de sí misma.

Esa configuración inteligente es la Forma de Vida Primordial.

La Forma de Vida Primordial rige la FUNCIÓN EXISTENCIAL que tiene lugar en todo el volumen de la Unidad Existencial, y su excitación proviene de la pulsación existencial.

Decir que la Forma de Vida Primordial, configuración inteligente contenida por la Unidad Existencial, es consciente de sí misma, o que la Unidad Existencial es consciente de sí misma, o que la Unidad Existencial contiene y sustenta la FUNCIÓN EXISTENCIAL consciente de sí misma, es lo mismo.

Así,

la Unidad Existencial toda es el cuerpo de DIOS, el contenedor de Todo Lo Que Es, de Todo Lo Que Existe;

la FUNCIÓN EXISTENCIAL es el proceso de redistribución energética de DIOS, de la Fuente Absoluta de todo lo que ocurre y se experimenta;

el proceso UNIVERSO es componente temporal del proceso de redistribución energética de la Unidad Existencial;

la configuración de intermodulación, de interacciones del volumen del *fluído primordial*, de la sustancia primordial a nivel primordial, es el contenedor de la energía, de la capacidad de mantener la vida, el movimiento, y la información de vida; es el nivel primordial de la Mente Existencial, de DIOS.

Sustancia Primordial.

Sustancia primordial es eso: sustancia de la que todo se genera y se recrea.

"No hay nada inmaterial (insustancial)".

Nuestra materia es simplemente una dimensión de asociación de sustancia primordial que es detectable por los sentidos del proceso SER HUMANO.

Energía.

No llegamos físicamente a la sustancia primordial sino por sus a-sociaciones (las partículas primordiales y sus asociaciones; los á-tomos, y las asociaciones de éstos, la materia) y sus efectos, la energía.
Energía no es "materia prima"; es la capacidad de generar movimientos.
Energía es el efecto de la "carga primordial", de la rotación de los elementos absolutos de sustancia primordial sobre sus asocia-ciones de sí misma, las partículas primordiales, y las sucesivas asociaciones de éstas, los diferentes átomos.

Naturaleza binaria de la existencia.

La sustancia primordial[Ref.(A).1] es de naturaleza binaria; es masa y movimiento ("carga primordial"; rotación).

Las cargas eléctricas del sub-espectro energético electro-magnético (ELM) en nuestro dominio material son versiones de las cargas primordiales.

Origen de las cargas primordiales.

La rotación de los elementos de sustancia primordial es inherente a ella; pero varía entre dos estados límites debido a la configura-ción espacial del manto de fluído primordial dentro de la Unidad Existencial.

Configuración de la Unidad Existencial.

La Unidad Existencial sólo puede tener una configuración espacial geométrica: una esfera.

La razón es muy obvia, muy intuitiva, muy natural.

Sea la que sea la capacidad energética de la sustancia primordial, del colosal manto de fluído primordial, y de las estructuras de asociaciones de sustancia primordial, los universos o las hipergalaxias y sus constelaciones, esta capacidad de la Unidad es nula frente a la nada fuera de ella. Fuera de la Unidad Existencial nada existe, nada se define, nada hay; y por lo tanto, nada, absolutamente nada puede transferirse hacia la nada, y esta incapacidad tiene el mismo valor absoluto, INFINITO, en todas las direcciones radiales desde la superficie límite $Z_{LÍM}$ que contiene a todo lo que es parte de la Unidad Existencial. Por ello, frente a la nada fuera de Ella, la configuración de la Unidad Existencial sólo puede ser una esfera, que se confirma racionalmente en la *Identidad de Euler*.

La Unidad Existencial es cerrada absolutamente y por ello la energía contenida es eterna, cierre que se ha reconocido en el *Principio de Conservación de la Energía*. No obstante, la distribución espacio-tiempo de la energía, de la capacidad de movimiento de la Unidad Existencial, cambia dentro de ella continua, incesante, eternamente; cambia la configuración energética dentro de ella.

Configuración energética de la Unidad Existencial.

TRINIDAD ENERGÉTICA.

La TRINIDAD ENERGÉTICA de la Unidad Existencial está fundamentalmente conformada por el dominio material y por los dos sub-dominios energéticos cuya convergencia e interacciones establecen y definen el dominio material sobre el que se extiende la Forma de Vida Primordial, el sistema binario [Alfa-Omega]. Ver Parte III.

Los componentes energéticos de la TRINIDAD PRIMORDIAL a nivel de la Unidad Existencial son:

- dominio de Gravitación (GRA),
- sub-dominio de Inducción (IND), y
- dominio de circulación (k), en el que se encuentra nuestro dominio material.

En la Figura XI, el dominio de Gravitación (GRA) es todo lo que está fuera de la hipersuperficie de convergencia ZΦ; el sub-dominio de Inducción (IND) es lo que está dentro de ella; y el dominio de circulación (k) es el que se halla sobre y en el entorno inmediato de la hipersuperficie de convergencia energética ZΦ, y particularmente a lo largo del hiperanillo hΦ.

A su vez, la estructura de la Forma de Vida Primordial tiene un arreglo, la TRINIDAD PRIMORDIAL, que es a la que nos vamos a referir siempre en relación a Dios, a la Consciencia Universal, al reconocimiento de sí misma de la estructura de interacciones entre los componentes de la Unidad Binaria [Alfa-Omega] que tiene lugar en la Forma de Vida Primordial.

NOTA.

Nos referiremos solamente a Dios ya que es la dimensión de Consciencia Universal que reconocemos, y esto no limita en absoluto lo que buscamos. Ya estamos claros con DIOS y Dios.

Esta TRINIDAD PRIMORDIAL está compuesta por las estructuras de la Consciencia Universal, de la intermodulación del manto de fluído primordial a la que dan lugar las interacciones entre los componentes de la trinidad de la Forma de Vida Primordial; de la trinidad formada por la Unidad Binaria [Alfa-Omega] y la hipersuperficie de convergencia energética universal ZΦ.

Esta TRINIDAD PRIMORDIAL son las dimensiones *Madre/Padre, Hijo y Espíritu Santo* de la modulación del manto de fluído primordial que resulta en la Consciencia Universal.

DIOS.
Unidad Existencial.
(Revisitación).

DIOS, la Fuente de todo lo que observamos y experimentamos, es una presencia eterna.

Jamás hubo un Creador de DIOS, de la Fuente.
Jamás hubo un Creador Absoluto de Todo Lo Que Es, Todo Lo Que Existe.
La eternidad no puede crearse.
La presencia eterna "crea", genera, o mejor dicho, se descompone naturalmente a sí misma en componentes temporales.

Jamás hubo un Creador de la Especie Humana Primordial, a menos que llamemos Creador al proceso que permite que en un ambiente adecuado podamos ser transferidos desde otro entorno de la Unidad Existencial, cosa que primero ocurre inconsciente, involuntariamente, como parte del proceso de recreación de sí misma de la Consciencia Primordial, y luego por nuestra voluntad. Por ejemplo, una vez que en la Tierra se alcanzó una estructura biológica adecuada, que sustentara el proceso SER HUMANO, éste se hizo parte del proceso existencial a nivel de la Consciencia Universal, como una individualización de ella en desarrollo con capacidad de acceder a la interacción primordial consciente de sí misma con la que el ser humano conforma la unidad de recreación de consciencia.

Podemos llamar creación a la coalescencia, a la separación de partículas primordiales que no vemos ni sensamos pero que se hallan presentes en el manto energético primordial, en el *fluído primordial* en el que estamos inmersos, para obligarlas, mentalmente, a asociarse y formar algo visible, que se manifieste o que se haga experimentable en nuestro entorno de realidad, pero jamás es una creación desde la nada sino una transferencia desde otra dimensión existencial.

Si no se reconoce una presencia eterna como Origen Absoluto de las manifestaciones temporales que observamos y experimentamos, no se pueden resolver las inquietudes fundamentales del ser humano.

Eternidad es la orientación fundamental, absoluta, para el desarrollo del proceso racional conducente a la consciencia, al reconocimiento con entendimiento, del proceso existencial consciente de sí mismo.

Eternidad es el estado de presencia permanente absolutamente inextinguible de una fuente, de un manto de sustancia primordial, de la que parte todo lo que es, todo lo que existe, todo lo que ocurre.

Configuración de la Unidad Existencial. (Revisitación).

El manto de sustancia primordial, y sus asociaciones, son de dimensiones absolutamente finitas pero inmensurables, inalcanzables físicamente; no obstante, ambos son alcanzables y explorables mentalmente y experimentables a través de sus efectos.

Alcanzamos cualquier parte de la Unidad Existencial con nuestra mente porque ella es parte de la Mente Universal, y ésta es la intermodulación del manto de fluído primordial. Lo que hacemos para ello es ponernos a vibrar en una frecuencia en armonía con la componente fundamental de la estructura de intermodulación, con lo que tenemos acceso a otros

sub-espectros de la Consciencia Universal.

Materia es el sub-espectro o rango de asociación de sustancia primordial que alcanzamos con nuestros sentidos y la instrumentación; el resto es inmaterial en el sentido de que no es visible ni sensable conscientemente, sino por sus efectos en la estructura energética que nos establece y define como el proceso SER HUMANO.

La presencia eterna no tiene que hacer nada para mantenerse eterna, pues es eterna. Es incorrecto decir que la eternidad se sustenta por algún proceso existencial determinado. No; el proceso existencial es resultado de la presencia eterna.

La configuración de la presencia de sustancia primordial es como es, eternamente. Ella es así, y todo va a ocurrir dentro de la Unidad Existencial a causa de esta configuración como es.

La presencia de la sustancia primordial toma naturalmente dos configuraciones específicas,

- Configuración volumétrica.
  La única configuración, forma espacial que puede tomar volumétricamente la presencia de sustancia primordial y sus asociaciones, es un volumen esférico.
  La no-existencia fuera de la Unidad Existencial induce, fuerza esta configuración.

- Configuración de la distribución interna.
  Dentro de la Unidad Existencial sólo hay una configuración natural que se recrea a sí misma.

La configuración de las asociaciones de sustancia primordial dentro de la Unidad Existencial es la configuración de la Forma de

Vida Primordial, de la Inteligencia de Vida Primordial consciente de sí misma. (Recordar que *inteligencia* es realmente el *algoritmo de interacción* con el resto de la presencia existencial; que en realidad es el *algoritmo de control de sí mismo* frente a todo lo que ocurra que concierne y, o afecte a la identidad de sí misma de la unidad inteligente consciente de sí misma. Este *algoritmo de control de sí mismo* es también el que da la característica de las interacciones entre los componentes que conforman la unidad *Inteligencia de Vida Primordial*, la característica que hemos reconocido como *armonía*).

Las innumerables galaxias y sus constelaciones son las células de la Forma de Vida Primordial.

La redistribución continua, incesante, eterna de la configuración energética de la Unidad Existencial es debida a la generación continua, incesante, eterna de pulsación existencial causada por la interacción de la sustancia primordial y sus asociaciones en los entornos energéticos límites, en la hipersuperficie periférica $Z_{LÍM}$ y en el núcleo Zn.

Unidad Existencial

Forma de Vida Primordial

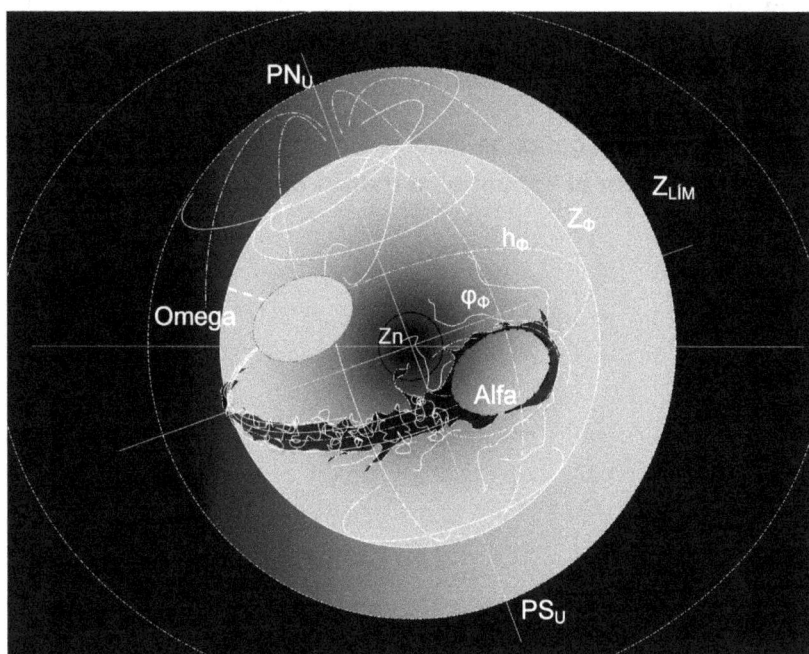

Figura XI.
Forma de Vida Primordial.

Teológicamente, en el dominio material, en el entorno de convergencia de los dos sub-dominios energéticos bajo los que se redistribuye el arreglo de la Unidad Existencial, se extiende la Forma
de Vida Primordial, entidad binaria de interacciones cuyos componentes son las hiper galaxias o universos Alfa y Omega. El resultado de estas interacciones es la intermodulación del manto energético universal, una "capa" o dimensión de intermodulación del

manto de fluído primordial (Parte III). Esa intermodulación se reconoce a sí misma; es la Consciencia Universal, Dios.

El Universo Absoluto, Unidad Existencial, es descripto energética y funcionalmente por el *Modelo Cosmológico Unificado Científico-Teológico*, mientras que el Modelo Cosmológico Standard de la NASA sólo describe nuestro universo, la hiper constelación Alfa en esta ilustración, que es componente del sistema binario Alfa y Omega de la Unidad Existencial.

Las dos hiper galaxias Alfa y Omega son dos "continentes" inmersos en el "océano" o manto *de fluído primordial*.

XX

TRINIDAD PRIMORDIAL

Hipersuperficie de Convergencia Energética de la Unidad Existencial

Residencia del Espíritu de Vida

El *Modelo Cosmológico Unificado* explica la Estructura Energética de la TRINIDAD PRIMORDIAL que la Teología Cristiana reconoce como *Padre, Hijo y Espíritu Santo*.

Dejemos atrás la Unidad Existencial.

Vamos a referirnos a la Forma de Vida Primordial y a las interacciones entre sus dos componentes de la Unidad Binaria [Alfa-Omega] que resultan en la Consciencia Universal, en la intermodulación del manto de fluído primordial que se reconoce a sí misma y que tiene tres dimensiones que definen a la TRINIDAD PRIMORDIAL: *Padre, Hijo y Espíritu Santo*.

Ya vimos que,

en el dominio material, en el entorno de convergencia de los dos sub-dominios energéticos bajo los que se redistribuye la configuración energética que establece y define la Unidad Existencial, se extiende la Forma de Vida Primordial.

La Forma de Vida Primordial es la entidad binaria de interacciones cuyos componentes son las hiper galaxias o universos Alfa y Omega. El resultado de estas interacciones es la intermodulación del manto energético universal, una "capa" o dimensión de intermodulación del manto de fluído primordial. **La intermodulación del manto de fluído primordial generada por las interacciones entre los dos componentes [Alfa-Omega] en el dominio material es lo que se reconoce a sí misma; es la Consciencia Universal de la que somos unidades de interacción, y cuya dimensión *Madre/Padre* es nuestro Dios.**

TRINIDAD PRIMORDIAL.

La Forma de Vida Primordial es el cuerpo de Dios.

La Forma de Vida Primordial es la estructura material que sustenta la FUNCIÓN EXISTENCIAL CONSCIENTE DE SÍ MISMA.

Análogamente, nuestra estructura material, biológica, nuestro cuerpo, sustenta el proceso SER HUMANO por el que se desarrolla su identidad, el algoritmo de interacción por el que accede a un sub-espectro de la FUNCIÓN EXISTENCIAL CONSCIENTE DE SÍ MISMA.

Notemos que la Consciencia Universal tiene lugar en el dominio material de la Unidad Existencial, pero en una dimensión de intermodulación del manto energético universal que no se alcanza por los sentidos ni por la instrumentación del hombre.

La Forma de Vida Primordial es el cuerpo de nuestra interpretación limitada de Dios; es la estructura sobre la que tiene lugar el arreglo de interacciones consciente de sí mismo, la FUNCIÓN EXISTENCIAL CONSCIENTE DE SÍ MISMA.

La Consciencia Universal es la consciencia de la estructura de intermodulación de la pulsación del manto energético universal, de la dimensión del manto de fluído primordial sobre el que se establece y extiende la Forma de Vida Primordial.

La intermodulación del manto energético primordial sobre el que se define y sustenta la Consciencia Universal es la mente de Dios,

es la Mente Universal,

es la dimensión *Madre/Padre* de la Consciencia Universal de la que somos unidades en la dimensión *Hijo*.

Nuestra mente, la de cada ser humano, es un "canal", un sub-espectro de la mente colectiva de la especie (de la dimensión *Hijo* de la Consciencia Universal); y la mente colectiva es un sub-espectro de la Mente Universal.

Dios es, realmente, el reconocimiento de sí mismo del arreglo de todas las interacciones entre las dimensiones *Madre/Padre* e *Hijo*; y el Espíritu de Vida, o Espíritu Santo, es la estructura de referencia sobre la que tienen lugar las interacciones *Madre/Padre* e *Hijo*.

El Espíritu de Vida es el alma de Dios, de la Consciencia Universal.

Nuestra alma es una sub-estructura de Dios y del Espíritu de Vida, a *imagen y semejanza* de Ambos.

Pulsación del manto de fluído primordial.

Pulsación de la Forma de Vida Primordial.

Hay una pulsación del manto energético a la mayor frecuencia, absolutamente inalcanzable, excepto por su integración en las a-sociaciones de sustancia primordial y las partículas primordiales que son parte de los arreglos materiales.

La Forma de Vida Primordial pulsa a una frecuencia que define a la componente fundamental del arreglo de intermodulación del manto de fluído primordial. A este arreglo es que nos vamos a introducir en la Parte III.

El manto de fluído primordial transfiere la pulsación primordial que se genera en los dos entornos límites Zn y Z_{LIM} de la Unidad Existencial (ver Parte III).

Esta pulsación energiza todo lo que se encuentra inmerso en el manto de fluído primordial, y sincroniza todas las actividades de todos los componentes conforme a la inteligencia que se encuentra en otras dimensiones de la intermodulación del manto de fluído primordial.

LA FUNCIÓN EXISTENCIAL, o el proceso existencial. (Revisitación).

Residencia del Espíritu de Vida.

Origen de la información que induce la generación local de las moléculas de vida (ADN).

Dos sub-dominios de asociaciones de la sustancia primordial, cuya presencia y sus asociaciones establecen y definen la Unidad Existencial, sustentan una configuración inteligente eterna en el dominio material, la Forma de Vida Primordial, cuya presencia induce una redistribución de las rotaciones, de las *cargas primordiales* de todo el manto de sustancia primordial en el que ella se encuentra inmersa.

El manto de sustancia primordial en el nivel absoluto, sin asociaciones, constituye el *fluído primordial* de la Unidad Existencial, y su distribución espacial origina los *campos de fuerzas primordiales.*

Las redistribuciones energéticas todas, en todos los niveles energéticos, y las interacciones entre las estructuras de información dentro de la Unidad Existencial, definen la FUNCIÓN EXISTENCIAL.

150

La FUNCIÓN EXISTENCIAL tiene dos componentes,
- El proceso ORIGEN,
que es la redistribución puramente energética; y
- La INTERACCIÓN DE CONSCIENCIA,
a la que llamamos Consciencia Primordial, cuya identidad
es DIOS a nivel absoluto de la Unidad Existencial; es Dios a
nivel de nuestro universo.

El proceso o la FUNCIÓN EXISTENCIAL, el proceso de redistribución energética y transferencia de información de vida en cada ciclo de recreación de la Unidad Existencial, es el que genera
el proceso UNIVERSO, nuestro proceso ORIGEN energético de
nuestro arreglo material (no del proceso SER HUMANO que es e-
terno). Todas las unidades de interacción en las dos dimensiones
Madre/Padre e *Hijo* conforman la Unidad de Consciencia Universal, Dios, que es eterno.

El universo, parte del dominio material de la Unidad Existencial y parte de la FUNCIÓN EXISTENCIAL, sustenta un proceso
UNIVERSO, y dentro de éste tiene lugar el proceso SER HUMA-
NO, ambos puramente energéticos; y junto a estos dos procesos
en dimensiones energéticas diferentes tienen lugar las interacciones entre dos dominios, colectividades o universos de formas de
vida, que resultan en la Consciencia Universal y su transferencia
a sus unidades, los seres humanos.

La Forma de Vida Primordial se halla en el entorno de convergencia de la Unidad Existencial (en el entorno de la superficie energética de convergencia $Z\Phi$, Figura XI).

El entorno de convergencia es el dominio material del que
nuestro universo es parte (dominio principalmente extendido
a lo largo del hiperanillo ecuatorial $h\Phi$ de $Z\Phi$).

Sólo hay vida en este entorno de convergencia, en esta
interfase de convergencia de interacciones entre los dos sub-
dominios primordiales que resultan en el dominio material.

Sobre esta interfase se reconoce DIOS a Sí Mismo, es decir, se reconoce a sí mismo el proceso de interacciones que tiene lugar en ella, proceso del que todas las especies de vida somos partes inseparables.

Las especies de vida son unidades de inteligencia, de interacción del proceso consciente de sí mismo.

Una vez evolucionadas, ciertas especies (entre ellas nosotros, los seres humanos de la Tierra) alcanzan el desarrollo para acceder a la estructura de consciencia colectiva de la especie primero, de la Consciencia Universal luego, Dios, y finalmente de la Consciencia Absoluta, Primordial, DIOS.

En la Trinidad Primordial de la Forma de Vida Primordial, *Madre/Padre* es la dimensión de consciencia que estimula y orienta a la dimensión de consciencia *Hijo.*

La vida se transfiere entre los componentes Alfa y Omega de la Unidad Binaria para dar lugar a los semi-ciclos de re-energización de cada universo. Al completarse cada semi-ciclo de re-energización ocurre el evento que hemos llamado Big-Bang[Ref.(A).1].

La hipersuperficie energética $Z\Phi$ es un entorno del manto de fluído primordial que es lugar geométrico de los "puntos", o entornos del mismo, que tienen un valor medio absolutamente inmutable de densidad energética, lo que constituye a este entorno en la referencia energética de la FUNCIÓN EXISTENCIAL, como veremos en la Parte III.

¡ATENCIÓN!

Sobre el entorno de la hipersuperficie energética $Z\Phi$ se extiende la componente de la intermodulación de la Consciencia Universal que definimos como Espíritu de Vida.

La hipersuperficie energética $Z\Phi$ es el detector del sistema de

control de evolución de las redistribuciones energéticas de la U-
nidad Existencial, y de nuestro universo.

La intermodulación de la Consciencia Universal contiene el
algoritmo de control de evolución energética de los ciclos de recreación de las unidades de inteligencia (las manifestaciones de
vida universal o las componentes temporales) de la Forma de Vida Primordial, y de re-energización de las dos hiper galaxias Alfa
y Omega; y contiene el protocolo de interacciones entre las manifestaciones temporales de vida y las *Actitudes Primordiales*, las
predisposiciones del proceso racional en la dimensión *Hijo en* armonía con la dimensión *Madre/Padre*.

En la estructura de control de las interacciones de la FUNCIÓN
EXISTENCIAL consciente de sí misma tenemos que (recordemos
la Figura VII),

- *Madre/Padre* (nuestra versión de *Dios*), es la dimensión de
  referencia;
- *Hijo*, especie humana, es el resultado del proceso;
- **Espíritu de Vida es el algorimo de control;**

luego, regresando a la pregunta que nos hicimos en relación a
la Figura VII(B),

"si la especie humana, la colección de unidades de proceso SER HUMANO, es la recreación del proceso Origen, de
Dios, entonces ¿Qué o Quién controla la recreación [repre-
sentado por el módulo F/T, el Algoritmo de Control, en la Figura VII (B)]?",

ahora podemos visualizar la respuesta,

el Espíritu de Vida es el algoritmo de control del proceso de re-
energización[Ref.(A).1] de la Unidad Existencial y de recreación de las
unidades de inteligencia cuyas interacciones definen y sustentan
la Consciencia Universal.

**El proceso existencial consciente de sí mismo no ha sido
creado, no es consecuencia de nada; simplemente es como**

---

es, eternamente.

El proceso existencial no es voluntario, es eterno; pero podemos elejir terminar nuestra manifestación temporal antes de que tenga lugar naturalmente.

Lo que es voluntario es el camino que elejimos para mantener el estado de sentirnos bien permanentemente bajo cualquier y toda circunstancia de vida temporal por la que debamos atravesar durante el proceso de evolución, de desarrollo de consciencia, de integración a la Consciencia Universal.

El proceso existencial es un proceso de redistribuciones energéticas por el que se controla el flujo de redistribuciones de manera de mantener su estado de sentirse bien dado por la consciencia de sí mismo.

A nuestro nivel de consciencia, el flujo que debemos controlar es el flujo de pensamientos[Ref.(A).2, (A).3, (C).1] para que la identidad resultante por la asociación de pensamientos esté en armonía con el proceso ORIGEN, con la dimensión *Madre/Padre* de la Consciencia Universal.

Luego, una vez más, como un proceso SER HUMANO auto-controlado, nuestra estructura es trinitaria, a *imagen y semejanza* de la TRINIDAD PRIMORDIAL de la que proviene.

Puesto que,

la Unidad Existencial es DIOS; y

la estructura energética de la Unidad Existencial es una TRINIDAD de asociaciones de sustancia primordial inmersa en un manto de fluído primordial (manto de sustancia primordial sin asociaciones)[Ref.(A).1]; y

la Identidad de la Consciencia Universal es Dios; y

Dios es la estructura de intermodulación del manto energético universal que es consciente de sí misma,

es oportuno recordarnos que los componentes de la trinidad existencial, según se vea como componentes de una estructura energética, componentes de la función existencial, o estados de

la Consciencia Universal, son,
[revisitar Figuras VII(A), (B) y (C); Figura VIII; Figura IX],
- *Alma-mente-cuerpo;*
- Referencia-algoritmo de control-resultado (experiencia);
- Sentimientos-estructura de relaciones causa y efecto (identidad)-emociones;
- Verdad-Amor-Regocijo; o
- *Madre/Padre-Espíritu de Vida-Hijo.*

Tenemos la herramienta racional que describe todo proceso energético cerrado absolutamente; cierre expresado y confirmado científica, exhaustivamente en el caso de la Unidad Existencial, entidad eterna.

Veremos esta extraordinaria herramienta racional en la Parte III, que nos permite describir el siguiente proceso que se reconoce primordialmente y se confirma en todas sus componentes temporales[Ref.(A).1].

Los dos componentes Alfa y Omega son dos hiper galaxias, universos de estructuras estelares y planetarias, que contienen (uno de ellos a la vez, Alfa u Omega) dos colectividades o universos de vida: uno en la dimensión *Madre/Padre* de consciencia, y otro en la dimensión de desarrollo *Hijo;*

Estas dos colectividades interactuando entre sí frente a la referencia en la hipersuperficie de convergencia, generan la modulación del manto energético universal que se reconoce a sí misma (la intermodulación) como Dios;

Cuando se completa la re-energización de la hiper galaxia en proceso de "carga", se transfieren todas las formas de vida individuales de una hiper galaxia a la otra.

NOTA.
Este proceso de conmutación ocurre a otra escala energética en la Tierra[Ref.(A).1].

En realidad, este proceso de transferencia ocurre conti-

nuamente a partir del instante en que se alcanzan las condiciones de transferencia en la hiper galaxia re-energizada.
¡ATENCIÓN!
Las moléculas de vida (ADN) no desaparecen nunca en la Unidad Existencial.
Siempre hay moléculas de vida en el entorno de convergencia, en la banda ecuatorial hΦ de la hipersuperficie ZΦ del universo con condiciones de vida; y la transferencia de la intermodulación de la Consciencia Universal induce la asociación de átomos en el nuevo universo para dar lugar a una nueva generación de moléculas ADN, cuando en el nuevo universo van surgiendo las estructuras energéticas con condiciones de vida.

Las propiedades energéticas de la hipersuperficie de convergencia ZΦ y de su hiperanillo de circulación preferencial ecuatorial, el hiperanillo hΦ, vamos a mencionarlas en la Parte III.

Algo más sobre la Forma de Vida Primordial.

La presencia de sustancia primordial que se asocia conformando la configuración de la Inteligencia de Vida Primordial dentro de la Unidad Existencial queda inmersa en un manto u océano de sustancia primordial sin asociarse, al que le llamamos manto de *fluído primordial ("líquido amniótico primordial")* cuya composición y propiedades, distribución espacial y comportamiento se puede revisar en las secciones *Sustancia Primordial y Sistema Termodinámico Primordial* de la referencia (A).1.
La Forma de Vida Absoluta es una entidad binaria compuesta de dos hiper galaxias, Alfa y Omega, y todas las estructuras materiales menores en el entorno de un hiperanillo de circulación hΦ que junto con las dos hiper galaxias con-

forman el dominio material que se extiende a lo largo del hiperanillo.

Una de esas hiper galaxias, *Alfa*, es nuestro universo, y la otra, Omega, no puede ser alcanzada físicamente desde nuestro universo.

Omega permanece oculta a nosotros, e inaccesible, pues está en el dominio existencial no visible (en la parte "oscura" de la Unidad Existencial, en el dominio de "materia oscura" cuya presencia, al igual que la de la "energía oscura", ya ha comenzado a ser reconocida por algunos cosmólogos), y está en una dimensión energética en la que no podemos vivir dada nuestra propia estructura energética presente que es adecuada sólo para la dimensión de nuestro entorno, de nuestro universo. Las densidades del manto de *fluído primordial* de Alfa y Omega son opuestas con respecto al valor medio, de convergencia Ref.(A).1, Sección *Sistema Termodinámico Primordial*. Esa diferencia es como estar viviendo, en nuestro manto energético local, unos en el océano (en el agua, respirando agua, teniendo branquias) y otros en la atmósfera (en el aire, con nuestros pulmones actuales).

La entidad binaria madre-hijo en todas las especies de vida, y particularmente en las especies conscientes de sí mismas, son analogías de la Forma de Vida Primordial.

Algunos aspectos de la relación íntima entre Dios (la dimensión *Madre/Padre*) y el ser humano (dimensión *Hijo*).

1. **Somos una sub-estructura de la estructura de Consciencia Universal, Dios, en un nivel que está en desarrollo hacia el nivel que nos dio origen, ¡hacia Dios mismo!**

    Si una individualización, una parte de la mente de Dios, se desvía del Todo, de la Unidad, el resto le llama la atención.

2. Dios, la estructura de Consciencia Universal, se re-energiza y recrea a través del ser humano; se recrean Sus unidades de interacción, cada una con individualización propia, única, particular, que es un aspecto de Dios, de la Unidad de Consciencia.

3. **Con Dios, con el proceso existencial, somos co-creadores de nuestras experiencias de vida.**

4. El ser humano reconoce a Dios en los sentimientos, y Le experimenta en las emociones que son aspectos de Él.
El ser humano es el medio por el que el proceso existencial se experimenta a sí mismo en todos los infinitos diferentes aspectos que conforman la Unidad Existencial.

5. Emociones son fenómenos de resonancia que ocurren en un sub-espectro fuera del sub-espectro que se detectan con los sentidos materiales y la instrumentación del hombre. Son resonancias entre la estructura trinitaria que sustenta el proceso SER HUMANO y el correspondiente sub-espectro en la estructura *Madre/Padre* que contiene todos los aspectos que corresponden a las individualizaciones en la dimensión *Hijo*.

6. **Nuestro cuerpo es un fantástico procesador de información existencial.**

7. **Nuestra piel (incluyendo los sentidos) es una colosal antena (colosal por la complejidad que detecta).**

8. **Nuestro arreglo biológico es un sistema resonante.**

9. Los sentimientos son modulaciones que recibimos desde la estructura TRINIDAD PRIMORDIAL y actúan en el nivel primordial de resonancia de nuestra estructura de moléculas de vida (moléculas ADN) de la cadena genética.
La distribución en todo el cuerpo de las cadenas genéticas

conforma el sistema resonante SER HUMANO, el sistema de comunicación con el universo, con el proceso existencial, con Dios (el nivel de Consciencia Universal, en nuestro universo), y con DIOS, el nivel primordial, absoluto, de consciencia de la FUNCIÓN EXISTENCIAL; luego nosotros variamos, modulamos sus efectos por la influencia de la consciencia cultural del grupo social humano al que pertenecemos.

10. Tenemos las *Orientaciones Eternas*[Refs.(A).2 y (A).3] que estimulan nuestros desarrollos del proceso racional en armonía con el proceso existencial.

11. Tenemos las *Actitudes Primordiales* que nos orientan hacia la experiencia de vida libre de sufrimientos e infelicidades[Refs.(A).2 y (A).3, y (C).1].

12. Tenemos acceso a la herramienta para hacer realidad la más grande experiencia a la que está llamado el ser humano: *trascender y establecer conscientemente un contacto personal, íntimo, con el proceso existencial consciente de sí mismo del que provenimos, ¡con DIOS! (con nuestra dimensión Madre/ Padre).*

13. Llevamos en nuestro arreglo biológico la información del proceso del que provenimos. Compartimos con Dios un sub-espectro de la estructura ADN (del arreglo de las moléculas de vida ADN) sobre la que se desarrolla el proceso SER HUMANO en nuestra dimensión existencial.

14. No creamos inteligencia, sino que la desarrollamos a partir de un nivel primordial que se transfiere de Omega a Alfa, y de Alfa a Omega; y así sucesiva, eternamente, por un mecanismo a nuestro alcance,
« Yo Soy, Alfa y Omega, Principio y Fin ».

15. No creamos consciencia, sino que la desarrollamos a partir

de un nivel primordial con el que somos concebidos en esta manifestación temporal, que es la *conciencia primordial de sentirse bien.*

16. Desarrollamos la habilidad de acceder a los diferentes niveles del arreglo energético, la estructura inteligente consciente de sí misma.

17. No creamos conocimiento, sino que nos hacemos conscientes de él a través del proceso racional, del proceso de establecimiento de relaciones causa y efecto de la fenomenología energética universal, de las interacciones con las manifestaciones de vida universal, y de las experiencias en nuestro arreglo trinitario *alma-mente-cuerpo* que nos establece y sustenta como proceso consciente de sí mismo, como proceso SER HUMANO que es un sub-espectro del proceso existencial.

18. Entendimiento es el resultado de la correcta asociación entre las estructuras o constelaciones de información siguiendo la orientación primordial y el patrón universal para sus vinculaciones o concatenamiento energético, y las *Actitudes Primordiales* para alcanzar y, o mantener el estado primordial de sentirse bien.

19. Accediendo a la estructura de Conocimiento Existencial, a la Consciencia del proceso Existencial, DIOS, o Dios en nuestro universo, obtenemos lo siguiente,
entenderemos nuestra relación eterna con la Unidad Existencial, DIOS, la Consciencia Primordial; y con Dios, la dimensión de DIOS en nuestro universo;
reconoceremos el *Protocolo de Comunicaciones Primordiales* para establecer conscientemente, por nosotros mismos, por nuestra sola voluntad, la relación activa con Dios, con el proceso existencial consciente de sí mismo en nuestro universo,

del que somos partes inseparables, inescapables.

20. **Espíritus son estructuras de intermodulaciones de sub-espectros a nivel primordial del manto energético que se hacen parte de arreglos ya conscientes de sí mismos.**

Espíritu de Vida.

(Revisitación).

El Espíritu de Vida es el nivel de consciencia eternamente inmutable de DIOS, proceso existencial que se reconoce a sí mismo; es la referencia del proceso existencial, de nuestro proceso ORIGEN, y del sub-proceso SER HUMANO.

Energéticamente, Espíritu de Vida es la componente inmutable de la estructura de pulsación del manto de fluído primordial de la Unidad Existencial; y es también la componente individual fundamental de pulsación, la de mayor frecuencia, absoluta, de la que todas las demás son sus armónicas.

La componente individual de pulsación fundamental del manto de fluído primordial es la que con sus variaciones, sus armónicas, va generando los gradientes espaciales que se reconocen como *fuerzas primordiales;* una de ellas, la *fuerza de asociación*, mantiene la cohesión de todas las estructuras energéticas de la Unidad Existencial, y la otra, la *fuerza de disociación parcial,* induce todas las redistribuciones de las asociaciones dentro de la Unidad Existencial. Esas mismas dos *fuerzas primordiales* son las fuerzas que rigen las interacciones y asociaciones en la intermodulación de la estructura de Consciencia Universal: las *fuerzas de amor y temor.*

Espíritu de Vida es la componente constante del *arreglo de relaciones causa y efecto* definido por las estructuras de las constelaciones de información dentro de la Unidad Existencial, DIOS, cuyas interacciones y comparaciones en diferentes constantes de tiempo (en diferentes rapideces de proceso) resultan en su reconocimiento y entendimiento de sí mismo de esas interacciones y comparaciones.

NOTA.

Necesitamos ver la Parte III.

El arreglo de causa y efecto de la Unidad Existencial es lo que establece y sustenta la Forma de Vida Primordial.

La Forma de Vida Primordial es el efecto, materialmente, de la convergencia de todas las redistribuciones energéticas que tienen lugar sobre el manto de fluído primordial. Esas redistribuciones del manto de fluído primordial inducidas por la pulsación que tiene lugar en los entornos limites de la Unidad Existencial es la causa de la asociación que resulta, precisamente, en el entorno de convergencia, de la Forma de Vida Primordial. El entorno de convergencia de todas las componentes temporales de redistribución que cambian continua, incesante, eternamente, sin embargo tiene una componente que es inmutable.

Estas interacciones y comparaciones, junto con la redistribución energética de la pulsación primordial originada en los dos entornos límites de la Unidad Existencial, definen el proceso existencial. Los dos entornos límites de la Unidad Existencial son la hipersuperficie límite $Z_{LÍM}$ y su núcleo o centro energético Zn [Zn no está debidamente indicado en la Figura XI sino como el centro geométrico (en realidad es un pequeño entorno, apenas visible en el centro de la Figura como un círculo negro)].

El Espíritu de Vida es la componente absoluta, eterna, permanentemente inmutable de la convergencia de un sistema de infinitas estructuras de información en permanente redistribución en la Unidad Existencial, que se entiende al extender la herramienta racional *Serie de Fourier* a un hiperespacio multidimensional cuya naturaleza es binaria.

Esta componente eterna es la suma de todas las compo-

nentes temporales que conforman la Unidad Existencial, en cualquier y todo instante del proceso existencial.

¡ATENCIÓN!
Energéticamente,
Espíritu de Vida es también el Concepto o *Principio Primordial de Armonía*, el componente eterno, inmutable, de la estructura de pulsación o de vibración de la Unidad Existencial, que rige todas las redistribuciones energéticas e interacciones temporales que componen y definen al proceso existencial y sus componentes [el proceso de redistribución energética o proceso ORIGEN, y LA FUNCIÓN EXISTENCIAL CONSCIENTE DE SÍ MISMA (las interacciones entre sus individualizaciones, entre los seres humanos; y entre nosotros y la dimensión *Madre/Padre* de la que provenimos)].

El *Principio Primordial de Armonía* se expresa racionalmente en la Serie de Fourier.

Recreación de una Presencia Eterna, no Creación, y evolución de la Recreación.

El ser humano, no importa por ahora que sea el resultado de una Creación particular o de la evolución de una redistribución energética, *de todas maneras proviene de una fuente inteligente consciente de sí misma*, ya que ningún proceso, tal como saben las disciplinas racionales de Ciencia y Teología, puede arrojar como resultado una imagen más evolucionada que la referencia que le guía al proceso para resultar en el sub-proceso SER HUMANO, ni más evolucionado que el algoritmo que supervisa al proceso.

Conforme a Ciencia, si la Unidad Existencial, energía, es eterna, no hubo creación de la vida inteligente que precede a la redistribución de la energía para que esa redistribución resulte en inteligencia, pues *el resultado de un proceso energético tiene una imagen de la referencia*, del proceso que le precede. En otras palabras, el ser humano, inteligente y consciente, solo puede ser el resultado de un proceso inteligente y consciente. Si Ciencia cuestionara esta última afirmación, que es inherente a todo proceso energético, sería sólo porque no ha alcanzado a reconocer que el proceso racional humano es un sub-espectro del proceso racional universal consciente de sí mismo ¡que precede a todos y cualquier proceso temporal! Esta relación ya ha sido establecida matemáticamente en otro nivel del proceso universal, aunque no se ha reconocido aún, en la *Serie de Fourier* cuya expansión a un espacio multidimensional nos permite alcanzar la transformación entre espacio y tiempo. La Unidad Existencial es cerrada absolutamente; todo proceso local interno es cerrado por un tiempo, y todo resultado de un sub-proceso es una imagen a otra escala del proceso que le precede.

NOTA.
La Parte III puede parecer dedicada sólo para quienes tienen formación científica formal, sin embargo, no es así. Está dedicada a todos quienes son científicos en sus actitudes racionales, por la manera en que conducen sus búsquedas de las relaciones causa y efecto de todo lo que ocurre alrededor nuestro y en el proceso UNIVERSO del que somos partes y en el que estamos inmersos, y en sus búsquedas del entendimiento de la relación del proceso UNIVERSO, y nuestra propia relación, con el proceso ORIGEN. El proceso existencial está al alcance de todos quienes se hacen parte conscientes de él desde cualquier nivel de conciencia en que se encuentren cuando formulen ese propósito para sí mismos.

Parte III

Unidad Existencial

Hiperespacio Multidimensional de Naturaleza Binaria

Solución por Principio de Armonía

Dios

Evidencia Racional
Confirmada Científicamente
Experimentada en el proceso SER HUMANO

Revolución en el paradigma científico de la especie humana en la Tierra por el que rige su desarrollo de entendimiento de su proceso ORIGEN, el proceso existencial consciente de sí mismo cuya limitada interpretación racional actual es Dios, con Quién nos relacionamos por alguna de nuestras versiones fuertemente condicionadas culturalmente.

XXI

Teoría de Todo

Modelo Cosmológico Unificado

¿Una sola ecuación que contenga la información primordial que nos permita explicar todo lo que ocurre en el universo?

Estamos en un espacio energético (hiperespacio) multidimensional de naturaleza binaria, no obstante, hay, sí, un principio por el que todo lo que ocurre en todos los entornos temporales en todas las dimensiones de la Unidad Existencial, tiene lugar de manera que se describe por una sola expresión racional, como veremos más adelante.

Esa expresión orienta el desarrollo de las relaciones causa y efecto que deben establecerse en cada entorno local, temporal, conforme a sus parámetros energéticos (que no son iguales a los de los entornos a los que no alcanzamos ni en espacio ni en tiempo, sino conceptualmente) cuyos valores relativos <u>son válidos sólo en el entorno relativo al</u> **manto energético de referencia** <u>en el que nos hallemos inmersos explorando la fenomenología energética</u>, y **de acuerdo a las referencias que hemos definido**, <u>que son temporales y de validez local</u>.

Nuestro universo surgió, sí, de un evento de expansión energética, pero fue un evento de resonancia energética y no como se interpreta ahora[Ref.(A).1] como el fenómeno Big Bang.

No hay un inicio del tiempo, excepto como inicio de un período de proceso que es parte de un proceso eterno sin principio ni fin.

Tenemos acceso, a través de la Mente Universal, a la estructura del manto de fluído primordial que permite consolidar los campos de fuerzas universales en un solo campo primordial.

Más aún.

Podemos consolidar los campos de fuerzas universales con los de la estructura de Consciencia Universal.

La Teoría de Todo.

La *Teoría de Todo* o *Teoría Unificada*[a] que busca la comunidad científica es la estructura racional que explica y relaciona coherente y consistentemente todos los aspectos energéticos de nuestro universo, y permite unificar las dos teorías sobre las que se desarrolla la modelación actual espacio-tiempo del proceso UNIVERSO: las teorías de relatividad general del *campo gravitacional*[b] y del *campo cuántico*[c].

La Teoría de Todo es la modelación de la estructura y funcionamiento de nuestro universo sobre un *campo de fuerza primordial* en el que tienen lugar los *campos gravitacional y cuántico* como componentes inseparables del *campo primordial de naturaleza binaria*. La naturaleza binaria del proceso existencial está implícita en el modelo actual espacio-tiempo de nuestro universo.

Finalmente, al alcance de todos, disponemos de la Teoría de Todo en el *Modelo Cosmológico Unificado*.

Más aún.

El *Modelo Cosmológico Unificado*[Ref.(A).1], además de lograr esta coherencia y consistencia que el *Modelo Cosmológico Standard del Big Bang [Lambda-CDM Model (Cold Dark Matter)]* no ofrece, incluye la estructura energética sobre la que tienen lugar las interacciones entre todas las unidades de inteligencia del proceso existencial (las manifestaciones de vida universal) y las comparaciones de las experiencias de vida de los seres más avanzados por las que se sustenta la Consciencia Universal, Dios. El *Modelo Cosmológico Unificado* nos proporciona información de interés para todos los seres humanos, independientemente de sus áreas de intereses en la vida, pues todos, absolutamente todos deseamos disfrutar el proceso existencial, entender por qué el mundo es como es, por qué nos ocurre lo que nos ocurre, y cómo resolver lo que nos afecta [Refs.(A).1, (A).2, (C).1].

Podremos ver un resumen del *Modelo Cosmológico Unificado (también llamado Modelo Cosmológico Consolidado Científico-Teológico)* al final de esta sección.

Primordialmente se reconoce que nuestro universo es parte de la Unidad Existencial; es resultado del proceso que le precede y del que proviene la inteligencia e información de vida pues se sabe que ningún proceso puede dar por resultado algo más inteligente o consciente que la referencia que rige el proceso. Entonces, llamamos Dios al proceso inteligente, consciente de sí mismo, que dio lugar al proceso UNIVERSO, y de aquí que un modelo del proceso existencial debe incluir la inteligencia inherente a él; debe incluir a Dios, a Quién hasta hoy excluímos por nuestra interpretación limitada de nuestro ORIGEN.

La incompatibilidad aparente entre las dos teorías predominantes [relatividad general (*campo gravitacional*) y *campo cuántico*], que tienen sus dominios reales de aplicación, se debe a que no se ha reconocido la estructura energética trinitaria de la Unidad Existencial sobre la que se establece y define la entidad binaria de la que nuestro universo es parte inseparable, y nuestra galaxia Vía Láctea es uno de sus componentes temporales.

El reconocimiento de la estructura de la Unidad Existencial es primordial; *es por trascendencia mental*. Sin embargo, nuestra especie dispone de toda la información para confirmarla coherente y consistentemente. Es más, nuestra comunidad científica ya hace uso de la herramienta racional fundamental que se deriva del

Principio Absoluto que rige el funcionamiento de la Unidad Existencial, del universo, de sus formas de vida; principio del que se derivan nuestras Leyes Universales, y del que hablaremos algo en la sección siguiente.

De la Unidad Existencial, el elemento primordial es la sustancia primordial de naturaleza binaria[Ref.(A).1]. Esta sustancia contiene en sí misma la información fundamental de su naturaleza y estructura energética de la que se derivan las propiedades topológicas y mecánicas del fluído primordial que llena la Unidad Existencial y sobre el que se encuentra inmerso Todo Lo Que Es, Todo Lo Que Existe; sustancia cuya naturaleza y propiedades innegables se demuestran racional, coherente y consistentemente, y confirman por la vasta experiencia.

Consolidación de las Leyes Universales.

Nuestras Leyes Universales se derivan de un *Principio Primordial Absoluto* que estimula y rige la evolución del proceso de re-energización de las estructuras energéticas sobre las que tienen lugar las interacciones y comparaciones que sustentan la Consciencia Universal; fuerza y rige las recreaciones de todas las unidades de inteligencia, de sus componentes temporales, y orienta sus interacciones.

La comunidad científica busca consolidar las leyes universales.

Por leyes universales nos referimos a las leyes que rigen la redistribución energética en nuestro universo, en el entorno de la Unidad Existencial que alcanzamos desde la Tierra.

Las leyes universales son válidas solamente en nuestro universo, y dentro de él tenemos versiones que dependen de la *nuclearización universal*[(d)] a la que pertenece el entorno e-nergético que exploramos.

Estamos en el sistema solar, un componente de la galaxia Vía Láctea, nuclearización a la que se subordina el sistema solar del que somos parte de una sub-unidad binaria del mismo: la sub-unidad [Sol-Tierra].

La presencia en el manto de *fluído primordial*[Ref.(A).1] de toda a-sociación de sustancia primordial, y mucho más aún la presencia de alguna nuclearización universal, modula o re-ajusta la distribución del *fluído primordial*. No estamos diciendo nada nuevo realmente. La teoría gravitacional nos dice de la afectación del campo de fuerzas por la presencia de un objeto; pero a esta modulación se le superponen otras en otros niveles que simplemente por su orden de magnitud no pueden ser observados y explorados de la misma manera que las modulaciones gravitacionales. El *campo cuántico* es establecido por modulaciones de entornos muy pequeños del campo gravitacional, y en esos entornos de gradiente gravitacional casi nulo la modulación es sobre las circulaciones del entorno, no sobre los gradientes de la distribución gravitacional. En la referencia ofrecida se menciona la analogía de las modulaciones sobre la onda portadora de comunicaciones en la que las variaciones de las señales que la modulan no afectan a la portadora y viceversa (dentro de un cierto rango de interacciones).

¡ATENCIÓN!

La fuerza atómica es infinitamente de mayor densidad que la gravitacional del manto de fluído primordial, el manto energético en el que se encuentra el átomo, dentro del entorno espacial regido por el núcleo del átomo; pero el átomo no puede dejar el entorno gravitacional debido a la interacción entre las partículas primordiales del átomo con las del manto de fluído primordial pues esa interacción genera un entorno de inserción que no hemos tenido en cuenta y que es una intermodulación a otra dimensión de pulsaciones que actuando sobre todo el entorno se integra en el núcleo del átomo y desde éste se redistribuye, con un efecto neto casi nulo sobre el manto (por eso la extraordinaria movilidad del átomo en el manto), pero con un efecto muy grande sobre los electrones y entre átomos.

En otras palabras, el núcleo del átomo está "anclado" en un nivel de pulsación del manto energético a nivel primordial que converge en el núcleo del átomo.

Una vez más,

Nuestras Leyes Universales se derivan de un *Principio Primordial*.

El *Principio Primordial* de la Unidad Existencial que sustenta el proceso consciente de sí mismo no se puede reconocer sino hasta después de reconocer la configuración espacial de la única Unidad Existencial que sustenta el proceso consciente de sí mismo, del Universo Absoluto del que nuestro universo es parte.

El reconocimiento de la configuración de la Unidad Existencial es mandatorio y precede a cualquier intento para la consolidación de las leyes universales en nuestro universo, pues, una vez más, ellas, nuestras leyes universales, son válidas solamente en nuestro universo, aunque son versiones del *Principio Primordial en la Unidad Existencial* del que se derivan todas las versiones en todos los entornos espaciales y temporales de la Unidad Existencial.

Ya tenemos la configuración de la Unidad Existencial.

Tenemos su estructura energética TRINITARIA PRIMORDIAL sobre la que se establece y sustenta la FUNCIÓN EXISTENCIAL consciente de sí misma, cuya identidad es DIOS; es la estructura que en el nivel puramente energético constituye el *sistema termodinámico primordial*[Ref.(A).1], sistema que necesitábamos para identificar las bases energéticas para formular la Teoría de Todo.

El principio Primordial Absoluto que rige las interacciones entre todos los elementos de la Unidad Existencial es el *Principio de Armonía*, al que veremos más adelante.

(a)
Esta sección es una versión de la ofrecida en el libro *Antes del Big Bang*, referencia (A).1, Apéndice.

(b)
Campo gravitacional es considerado una propiedad geométrica del espacio universal, de la curvatura energética asociada a la geometría espacial, por la que se rigen las relaciones entre los objetos presentes e inmersos en el espacio;

es dado por los gradientes de distribución espacial de las rotaciones de los elementos del manto de *fluído primordial*.

(c)
Campo cuántico trata a las partículas como estados de excitación de un campo de fuerzas.

(d)
Nuclearización universal es toda asociación natural que caracteriza a las partículas primordiales y sus asociaciones conformando unidades de circulación del manto energético primordial, con una componente de rotación preferencial que las distingue como tales (con un eje de rotación preferencial).

Un trozo de material cualquiera, una roca, es una unidad de circulación, pero no tiene un eje de rotación preferencial sobre su superficie que contiene la asociación que lo establece y define.

Un átomo es una nuclearización universal en una dimensión espacial; el sistema solar es otra nuclearización universal; una galaxia es la mayor nuclearización universal en el proceso UNIVERSO. Todas estas nuclearizaciones tienen un eje de rotación preferencial que las define como *nuclearizaciones universales* pues modulan el manto energético induciendo asociación hacia ellas. En cambio, las rocas generan modulación o campos gravitatorios hacia ellas que eventualmente pueden inducir interacciones entre ellas pero no sus asociaciones.

XXII

Bases del

Modelo Cosmológico Unificado

Resumen del reconocimiento primordial y algunas bases racionales derivadas del reconocimiento y de la fenomenología energética del proceso UNIVERSO que es un sub-proceso o una versión análoga al proceso existencial (FUNCIÓN EXISTENCIAL) que tiene lugar en la Unidad Existencial.

La analogía entre los procesos existencial y UNIVERSO es inherente al *Principio de Armonía* que rige la redistribución energética de la Unidad Existencial.

El *Principio de Armonía* da lugar a todas las componentes temporales del proceso eterno sustentado sobre una presencia eterna, y a las Leyes Universales en nuestro universo.

La presencia de energía y "energía oscura" (dark matter) en un dominio energético, y de materia y "materia oscura" en otro dominio, es consistente con una *configuración resonante, de interacciones recíprocas* entre dos entidades de un sistema binario de una estructura trinitaria del hiperespacio multidimensional de naturaleza binaria.

A continuación, el resumen de las bases de la Teoría Unificada.

- Presencia de la sustancia primordial de la que todo se genera y recrea; fuera de esta presencia nada existe, nada hay, nada se define;

- Visualizar la nada absoluta fuera de la sustancia primordial;

visualizar el vacío absoluto como una entidad de fricción absolutamente infinita. Nuestro "vacío" tiene una transferibilidad infinita (finita pero muy elevada, inmensurable) por ser conformado por una distribución de sustancia primordial con gradientes de rotación y pulsación netas casi nulas en cualquier dirección espacial en entornos reducidos; y por su infinita capacidad de redistribuirse en cualquier dirección espacial a rapidez infinita en esos entornos reducidos;

- La presencia de la sustancia primordial se reconoce,
1. Por razonamiento transcendental,
   "Nada puede ser creado de la nada";
2. Implícitamente como constituyente del *fluído primordial* cuya dimensión de asociaciones en nuestro universo es el manto energético modelado como red espacio-tiempo;
3. Por las propiedades topológicas del manto universal;
4. Por los gradientes de sus distribuciones que generan los *campos de fuerzas primordiales y universales*;
5. Por los efectos de sus propiedades transferidas a sus asociaciones desde las partículas primordiales hasta la materia en las dimensiones de constelaciones y galaxias;

- Naturaleza binaria de la sustancia primordial;
  volumen infinitesimal de sus elementos y cantidad de rotación inherente a ese volumen;
  "Existencia es sustancia y movimiento (inseparables)";

- Visualización de la única configuración espacial, geométrica, que puede tomar un volumen de sustancia de naturaleza binaria frente al vacío absoluto, a la nada, a la no existencia fuera del único volumen existencial;

- La única configuración espacial posible natural, la Unidad Existencial, es cerrada absoluta, eternamente;

- Una Unidad Existencial de fluído primordial binario con una cantidad de movimiento inherente se redistribuye o conforma, inevitable e inescapablemente, como *Unidad de Circulación Primordial* que tiene un entorno de <u>circulación</u> infinita en $Z_{LÍM}$ (<u>rotación</u> neta nula sobre $Z_{LÍM}$) y un entorno de <u>circulación</u> nula en Zn (<u>rotación</u> neta infinita en Zn, sobre el eje polar de $Z\Phi$), por lo que hay un entorno interno $Z\Phi$ con una <u>circulación</u> media UNO (1) y una rotación media UNO (1) en el hiperanillo hΦ preferencial ecuatorial de $Z\Phi$.
  De esta configuración se derivan el Teorema de Stokes y la Ley de Ampere.
  La analogía del *Capacitor Binario* nos permite visualizar las hebras energéticas que conforman la *Unidad de Circulación*.

- El volumen de sustancia primordial es finito pero absolutamente inalcanzable, excepto por razonamiento; la infinidad del proceso existencial es eternidad, y la consciencia de sí mismo del proceso existencial es por re-energización periódica de estructuras energéticas de sustancia primordial que necesitan compararse frente a una referencia absolutamente inmutable, lo que solo se logra frente a un espacio cerrado;

- Reacción de la sustancia primordial y sus asociaciones en los entornos límites del volumen del colosal manto de sustancia primordial y sus asociaciones; reacción que genera la pulsación de todo el volumen, a la que llamamos *pulsación existencial*;

- **La distribución radial de la *Unidad de Circulación* origina una configuración del manto u océano de fluído primordial en "capas de cebolla" debido a la naturaleza de** la sustancia que conforma el fluído primordial, y a la *pulsación existencial* en dos dominios de pulsación con diferentes constantes de tiempo o rapideces de redistribución.

- Distribución de la *pulsación existencial* y sus gradientes generados por la única geometría espacial que puede tener el volumen de sustancia primordial, que es un volumen de *unidades de cargas primordiales* portadoras de energía, de capacidad de tomar y transferir su movimiento primordial, inherente: su rotación;
Energía no es materia prima; es una capacidad inherente a la sustancia primordial y sus asociaciones;

- La redistribución de la *pulsación existencial* ocurre sobre dos configuraciones diferentes de distribución espacial de la sustancia primordial sin asociaciones (sobre las distribuciones "bases" absolutas, a nivel absoluto, que dan lugar a las dos versiones fundamentales de la *Función Exponencial General*). Esas dos configuraciones de redistribuciones de pulsación existencial comienzan en cada entorno límite del volumen de sustancia primordial en los que se genera la *pulsación existencial*, en la superficie límite $Z_{LÍM}$ y en el núcleo Zn de la Unidad Existencial. Las geometrías de esos entornos límites inducen las características particulares de cada configuración de redistribución a las que llamamos sub-dominios energéticos;

- La convergencia, y sus interacciones, de las redistribuciones de los dos sub-dominios de pulsación del manto de sustancia primordial, del fluído primordial, generan la estructura TRINITARIA PRIMORDIAL de la Unidad Existencial;

- Los dos dominios de redistribuciones de la *pulsación existencial* se intersectan e interactúan en un entorno de convergencia que define el dominio material de la Unidad Existencial;

- La configuración de redistribución de la sustancia primordial y sus asociaciones es la configuración espacio-tiempo que define las infinitas versiones de la *Función de Distribución Primordial (o Ley de Evolución del Proceso Existencial)* a la que definimos matemáticamente como *Función Exponencial General*;
  todo lo que existe, cualquiera sea su configuración espacial donde se encuentre, es una asociación energética que se formó y evoluciona siguiendo alguna versión de la función exponencial natural, de la "espiral" natural;
  (ver más adelante la constante matemática e);

- *La Relación Armónica Primordial,* **que se define racionalmente como** *Principio de Armonía*, **es el principio que rige las interacciones entre todos los componentes de la Unidad Existencial;**
  La Relación Armónica Primordial es inherente a la configuración natural de redistribuciones e interacciones entre todos los componentes de la Unidad Existencial;

- El *Principio de Armonía* da lugar a nuestras Leyes Universales;

- *La Relación Armónica Primordial* **es la que da lugar, naturalmente, a las componentes temporales por las que se define y sustenta el proceso eterno;**

- **El proceso eterno es un proceso periódico indefinido, inacabable, una sucesión de sub-procesos, que se describe racional, matemáticamente por una** *serie* **para un hiperespacio multidimensional de naturaleza binaria;**

179

- Las componentes temporales son las que conforman los ciclos de recreación de las unidades de inteligencia por cuyas interacciones se sustenta la Consciencia Universal. Estos ciclos de recreación de las unidades de vida tienen lugar durante los ciclos de re-energización de los entornos que sustentan las formas de vida;

- *La Relación Armónica Primordial* tiene su versión en nuestro dominio material en la *Serie de Fourier;*

- *La Serie de Fourier* describe un proceso o una estructura eterna por una suma de infinitas componentes temporales; (ver algo más adelante la *constante matemática e*);

- **Los componentes temporales de la Unidad Existencial conforman la estructura de intermodulación del manto de fluído primordial, del manto de sustancia primordial sin asociaciones; esta intermodulación tiene dos componentes: uno visible y otro no visible;**

- Conforme al *Principio de Armonía* cuya versión en el dominio material es la *Serie de Fourier,* tenemos una componente espacial continua, constante absoluta, eterna, de la distribución de la rotación de los elementos de sustancia primordial, sobre la que se generan las componentes temporales de rotación y las asociaciones de sustancia que resultan en las partículas primordiales y sus múltiples diferentes generaciones, hasta las hiper galaxias o universos; (Ver más adelante proceso UNIVERSO); (ver más adelante Temperatura Absoluta);

- **La componente de mayor frecuencia de pulsación de rotación del manto de fluído primordial es la que induce la vinculación entre todas las asociaciones de sustancia primordial en sus diferentes dimensiones de asocia-**

ción; es la que genera el *campo gravitatorio primordial (GRA);* es la componente que se genera en $Z_{LÍM}$; es la *fuerza de amor* en la estructura de interacciones que sustenta la Consciencia Universal. Todos los campos de fuerzas son modulaciones sobre este primordial;

- La componente de menor frecuencia de pulsación de rotación es la que genera el *campo de inducción primordial (IND)*; es la componente que se genera en Zn; es la *fuerza de temor* en la estructura de interacciones que sustenta la Consciencia Universal;

- La componente de *inducción primordial (IND)* es la que genera la redistribución espacial que da lugar al fenómeno que se conoce como "hueco negro" (black hole);

- La componente de frecuencia media es la componente sobre la que estamos montados en nuestro universo;

- La configuración de distribución de la sustancia primordial es el *Sistema Termodinámico Primordial;*

- La configuración de distribución de la sustancia primordial es una estructura trinitaria resonante natural; la Unidad Existencial es el *Sistema Armónico Primordial*;
  como ya adelantamos al inicio de este resumen,
  la presencia de energía y "energía oscura" (dark matter) en un dominio energético, y de materia y "materia oscura" en otro dominio, es consistente con una *configuración resonante, de interacciones recíprocas* entre dos entidades de un sistema binario de una estructura trinitaria del hiperespacio multidimensional de naturaleza binaria.

- El *Sistema Resonante Primordial* inherente a la estructura

TRINITARIA PRIMORDIAL de la Unidad Existencial tiene sus dos componentes de interacciones recíprocas dadas por las interacciones entre dos entornos de pulsación que tienen configuraciones espaciales y constantes de tiempo diferentes; debido a esas diferencias, un entorno de convergencia de un dominio de pulsación tiene lugar a expensas de la divergencia de otro entorno de pulsación hasta que se alcanza un intercambio recíproco en otra dimensión de pulsación que genera la reversión del proceso;

- **CONSTANTE MATEMÁTICA e.**
La base de la *Función de Distribución Primordial o función patrón primordial*, la función exponencial de base **e**, es el valor límite de una serie, de una distribución de unidades de circulación, de asociaciones de sustancia primordial de un sistema binario; distribución inmersa en un manto de fluído primordial uniforme que sólo tiene lugar en el hiperanillo hΦ de ZΦ;

- Los átomos en la Tierra son versiones de las unidades de circulación o células energéticas primordiales;

- Los electrones son las partículas de convergencia de la Unidad Existencial;

- Las moléculas de vida en la Tierra, moléculas ADN, son versiones de las moléculas de vida primordial;

- Las diferentes "capas de cebolla" contienen diferentes colectividades o universos de vida;

- El proceso UNIVERSO (nuestro universo),

es resultado de la resonancia natural de la Unidad Existencial;

- El sistema binario [Alfa-Omega] interactuante en el dominio material (en el hiperanillo hΦ) interactúa, a su vez, recíprocamente con el sistema binario polar de ZΦ (POLO NORTE-POLO SUR);
  Esta interacción primordial, natural, es la que genera la componente alterna sobre la que están "montados" nuestro universo, la hiper galaxia Alfa, y el otro universo, la hiper galaxia Omega; una nuclearización se expande a expensas de la contracción de otra;

- Nuestro universo está "montado" sobre la componente fundamental (sobre la primera armónica) de la *Serie de Fourier* que describe a la Unidad Existencial, y por lo tanto, toda evolución energética en nuestro universo es hacia esta componente de referencia del proceso UNIVERSO;
  (ver Temperatura Absoluta más adelante);

- La Unidad Existencial, teniendo un volumen de cargas primordiales redistribuyéndose sobre una estructura TRINITARIA PRIMORDIAL, da lugar a versiones análogas en nuestro dominio.
  Los sistemas resonantes RLC (resistor de resistencia R; inductor de inductancia L; capacitor de capacitancia C) en el sub-espectro electromagnético (ELM) son versiones del *Sistema Armónico Primordial*;

- Los sistemas resonantes RLC tienen un arreglo análogo a uno de los "universos", es al conjunto de elementos R, L y C, y el otro "universo" lo da el procesador (amplificador) a expensas de una fuente de pulsación continua, V_{CC}; ambos son recíprocos, inversos, debido a la realimentación negativa del sistema RLC al amplificador; y el sistema se encuentra sobre una componente continua, constante, dada por la caída de potencial sobre una resistencia de carga R_L; la expansión y contracción del potencial sobre R_L se hace gracias al suministro de cargas de V_{CC} y la expansión y contracción de cargas del inductor L y del capacitor C, (R es la componente resistiva inevitable del capacitor y del inductor);

- **¡ADVERTENCIA PARA LA TIERRA!**
- **El control de redistribución energética del planeta es control de resonancia de la estructura trinitaria de nuestro planeta;**
- **La resonancia depende de lo que se extrae del dominio interno del planeta** (que es el componente análogo al inductor L), fundamentalmente de los hidrocarburos;

- El arreglo de control de la Unidad Existencial y todas las nuclearizaciones universales es inherente a la configuración de redistribución de la *pulsación existencial*, a la estructura de la TRINIDAD PRIMORDIAL y sus versiones locales;

- La hipersuperficie de convergencia $Z\Phi$ de los dos dominios de pulsaciones es la referencia espacial y energética absoluta del proceso de redistribuciones energéticas e interacciones que sustentan la Consciencia Universal que tiene lugar en el entorno de ella;

- La inteligencia del proceso existencial es inherente a la configuración espacio-tiempo de redistribución del manto energético y las estructuras inmersas en él;

- **TEMPERATURA ABSOLUTA.**
  Como *Sistema Termodinámico Primordial*, la componente continua de la descripción espacio-tiempo de la

Unidad Existencial (de la *Serie de Fourier*) es la componente a la que ahora se toma como Temperatura Absoluta de Cero Grado Kelvin;

- La información energética que recibimos desde el lejano universo no es en tiempo real.

Modelo Cosmológico Consolidado Científico-Teológico.

- Muy simplemente,
  El *Modelo Cosmológico Consolidado Científico-Teológico* describe energética y funcionalmente a DIOS y su relación con el universo y el ser humano.

- Algo más elaborado,
  Este modelo racional describe a la Unidad Existencial, a la fuente primordial, absoluta, eterna, de la existencia consciente de sí misma, y al proceso de intercambio energético e interacciones entre constelaciones de información por los que la consciencia de la existencia, la Consciencia[a] de la Unidad Existencial o Universal, se sustenta a sí misma.
  El intercambio e interacciones de consciencia de la Unidad Existencial tienen lugar en la estructura TRINIDAD PRIMORDIAL, y de ésta la trinidad humana es individualización a *imagen y semejanza*.
  El proceso de intercambio energético e interacciones es parte de un mecanismo de recreación de sí misma de la Unidad Existencial, por el que se re-energiza y re-estimula su estructura de Consciencia, y de ese mecanismo es parte nuestro universo y la especie humana.

NOTA.

Antes de ir a la Conclusión (Sección XXXII) de lo presentado hasta este momento vamos a incluir algunos tópicos para quienes teniendo inquietudes en el proceso existencial cuentan con alguna base formal en ciencias.

De particular interés resulta reconocer el *Principio de Armonía* del que tenemos la versión en nuestro dominio racional en las *Series de Fourier.*

Otros dos aspectos interesantes son: uno, reflexionar sobre las razones por las que ni el tiempo ni la velocidad de la luz son referencias válidas fuera de nuestro entorno energético del proceso UNIVERSO; y otro, la analogía entre configuraciones RLC en paralelo en el sub-espectro electromagnético (ELM) que nos permite reconocer las bases para resolver la incompatibilidad aparente entre el *Principio de Conservación de Energía* y la 2da *Ley de la Termodinámica.*

Obviamente no detallamos estos aspectos. Sólo se trata de mostrar la información de que se dispone para ellos, y estimular también sus propias reflexiones.

Respondemos ahora a la pregunta que planteamos al final de la página 54,

¿Por qué debería interesarnos a todos el proceso ORIGEN del que provenimos, y estar en armonía con él?

Porque siendo resultado de él, nuestro estado de sentirnos bien en cualquier y toda circunstancia de vida depende de nuestra relación particular, íntima, con él [Ref.(A).2].

(a)
Usamos *consciencia* en lugar de *conciencia* pues esta última se refiere a aspectos morales.

XXIII

Principio de Armonía

Partimos de haber reconocido la Unidad Existencial y la sustancia primordial y su naturaleza; reconocimiento del que vamos a refrescar los aspectos fundamentales que nos conducen, a su vez, al reconocimiento de las *unidades de carga primordiales* cuyas redistribuciones establecen, definen y sustentan el proceso existencial que tiene lugar dentro de la Unidad Existencial. Reconocer la Unidad Existencial como un volumen de cargas primordiales nos permite presentar una analogía, el *capacitor binario,* para entender la configuración interna de la Unidad Existencial y los procesos de redistribuciones e interacciones que tienen lugar en su interior y que conforman el proceso existencial del que es parte el proceso UNIVERSO en el que nos hallamos en el presente.

La redistribución natural del volumen de unidades de carga que conforman la Unidad Existencial tiene lugar sobre una configuración espacial y temporal de referencia absoluta, inmutable, en el nivel de distribución de sustancia primordial sin asociaciones, sin partículas primordiales, sin materia, a la que llamamos *Función de Distribución Primordial o Ley de Evolución del Proceso Existencial* y a la que definimos racionalmente como *Función Exponencial General.* Es la función de distribución primordial, del *campo gravitacional primordial (GRA)* que veremos luego.

La *Función Exponencial General* da lugar a infinitas asociaciones de sustancia primordial, a estructuras energéticas con diferentes versiones espaciales y temporales de la *Función Exponencial General* debido a la configuración geométrica natural del volumen de cargas primordiales; y a la relación entre todas esas versiones o componentes espaciales y temporales que conforman la

JUAN CARLOS MARTINO

Unidad Existencial se le llama *Relación Armónica Primordial.*
La *Relación Armónica Primordial* se describe racionalmente
como *Principio de Armonía,* el principio que rige las interacciones
entre todos los componentes de la Unidad Existencial.
**La convergencia e interacciones entre todas esas versio-
nes espaciales y temporales de la Unidad Existencial establecen y definen dentro de Ella una estructura en el dominio
material que tiene una componente constante, eternamente
inmutable, a la que se le llama hipersuperficie ZΦ de convergencia energética sobre, y alrededor de la cuál se encuentra
la Forma de Vida Primordial.**
La estructura energética de la Forma de Vida Primordial es una
función periódica que puede ser descripta por una Serie de Fourier pues la suma de todos los componentes temporales *de la
Unidad Existencial* convergen y determinan la hipersuperficie ZΦ.
Obviamente, la estructura de la Forma de Vida Primordial es hiper
compleja en el espacio multidimensional de naturaleza binaria
(son dos universos o hiper galaxias) pero conceptualmente es
describible y resumible por sus componentes principales. O mejor
dicho, una vez más, esta estructura y la relación entre sus componentes es lo que reconocemos como *Principio de Armonía* y da
lugar a la *Serie de Fourier* en nuestro dominio material.

**El *Principio de Armonía* da lugar a nuestras Leyes Universa-
les.**

Nuestro universo, el proceso UNIVERSO, es un sub-proceso del
proceso existencial; es una componente temporal del proceso que
establece y define a la estructura material en el entorno de convergencia ZΦ.

La Relación Armónica Primordial es la que da lugar, naturalmente, a las componentes temporales por las que se defi-

188

ne y sustenta el proceso eterno.

Cada componente temporal tiene sus relaciones particulares y sus parámetros correspondientes al entorno energético en el que tienen lugar. Luego, las leyes universales de nuestro universo son eso: leyes de nuestro universo, válidas solamente en nuestro universo. Y dentro de nuestro universo, tenemos una versión particular para nuestra galaxia, y dentro de ella, para nuestro sistema solar. Las versiones no difieren de la expresión general sino en sus parámetros y "constantes" particulares del entorno.

Las componentes temporales son las que conforman los ciclos de recreación de las unidades de inteligencia por cuyas interacciones se sustenta la Consciencia Universal. Estos ciclos de recreación de las unidades de vida tienen lugar después de los ciclos de re-energización de los entornos que sustentan las formas de vida[Ref.(A).1].

La Relación Armónica Primordial tiene su versión en nuestro dominio material en la *Serie de Fourier.*

La Serie de Fourier describe un proceso o una estructura eterna por una suma de infinitas componentes temporales[a].

---

[a]
Análisis de Fourier o Análisis de Armónicas es el estudio de una función periódica a través de su descomposión en sus componentes senoidales y cosenoidales. El proceso de descomposición es conocido como *Transformación de Fourier.*

La recomposición de una función periódica por la integración de sus componentes senoidales y cosenoidales es el proceso de *Síntesis de Fourier.*

Este análisis y síntesis se basan en un reconocimiento primordial que dio lugar a la herramienta matemática *Series de Fourier*, a la descripción de una función periódica en sus componentes senoidales y cosenoidales.

XXIV

Algoritmo de Control del Proceso Existencial

El proceso existencial consciente de sí mismo es eterno; tiene lugar dentro de una estructura, la Unidad Existencial, que es absolutamente cerrada.

Entonces, cabe la pregunta,

¿Qué debe controlar si es la Única Entidad Consciente de Sí Misma que es resultado de una presencia eterna?

El concepto de control es un concepto racional, cultural.

El concepto de control es una versión del concepto primordial de interacción armónica entre los componentes de la Unidad Existencial por los que se sustenta la Consciencia Universal, el reconocimiento con entendimiento de Sí mismo del proceso de interacciones y comparaciones que tiene lugar en el arreglo binario de interacciones, la Forma de Vida Primordial cuya estructura es la TRINIDAD PRIMORDIAL.

El control es inherente a la configuración de redistribuciones energéticas e interacciones y comparaciones entre las estructuras de información.

El concepto racional de control se aplica en nuestro dominio relativo, temporal, en que nuestro acceso a la estructura de Consciencia Universal depende de que nuestro proceso racional esté en armonía con el proceso existencial; nuestro proceso puede, y es permitido desviarse del proceso ORIGEN para dejarnos disfrutar el proceso de conscientización y nuestra consciencia de placer y gloria [Refs.(A).2 y 3, (C).1]. Por eso es que sólo en nuestro dominio tiene aplicación el concepto de control.

La estructura de interacciones y las relaciones entre sus componentes por las que se rige a sí mismo el proceso existencial nos proporcionan las referencias por las que debemos regir, controlar nuestros desarrollos de la capacidad racional para adquirir consciencia; en realidad para acceder a la Consciencia Universal.

El algoritmo de control del proceso existencial es inherente a la configuración primordial de distribución de la sustancia primordial y sus asociaciones; a la configuración de la distribución del fluído primordial, es decir, de la sustancia primordial sin asociaciones.

Este algoritmo primordial es la *Función Primordial, la Función Exponencial General* de la que se derivan todas las versiones locales temporales de la Unidad Existencial, en ambos sub-dominios del *dominio primordial*, y en ambos componentes del *dominio material*: entre esas versiones, las nuestras en nuestro universo. <u>A la suma de esas versiones en nuestro dominio la llamamos</u> (<u>en matemáticas</u>) *Serie de Fourier*.

El desarrollo de las versiones de la *Función Exponencial Primordial* obedece al *Principio de Armonía*.

El arreglo de control es inherente a la Unidad de Circulación. Recordemos que,

Una Unidad Existencial de fluído primordial binario con una cantidad de movimiento inherente se redistribuye y conforma, inevitable e inescapablemente, una *Unidad de Circulación Primordial* que tiene un entorno de <u>circulación</u> infinita en $Z_{LÍM}$ (<u>rotación</u> neta nula sobre $Z_{LÍM}$) y un entorno de <u>circulación</u> nula en Zn (<u>rotación</u> neta infinita en Zn, sobre el eje polar de $Z\Phi$), por lo que hay un entorno interno $Z\Phi$ con una <u>circulación</u> media UNO (1) y una rotación media UNO (1) en el hiperanillo $h\Phi$ preferencial ecuatorial de $Z\Phi$.

De esta configuración se derivan el Teorema de Stokes y la Ley de Ampere.

XXV

Unidad Existencial

Volumen de Unidades de Cargas Primordiales

La Unidad Existencial es una presencia eterna de un colosal volumen de sustancia primordial y sus asociaciones que conforman una estructura sobre la que tiene lugar un proceso de redistribuciones de cargas, de rotaciones de los elementos de sustancia primordial y sus asociaciones, las partículas primordiales [Ref.(A).1].

Las propiedades topológicas inherentes al manto energético universal se deben a la naturaleza binaria de la sustancia primordial y a la geometría natural de su volumen que confiere las mismas propiedades en todo y cualquier punto del manto, y las mismas características de comportamiento de los entornos cerrados temporales que son componentes armónicos de la Unidad Existencial conforme al *Principio de Armonía* que se expresa por la *Serie de Fourier* extendida a un hiperespacio multidimensional de naturaleza binaria.

Una vez que reconocemos las unidades de carga primordial de naturaleza binaria, la geometría trinitaria de un hiperespacio de unidades binarias, y la fuente eterna de la pulsación existencial, tenemos las herramientas para deducir y describir la configuración espacio-tiempo de la redistribución energética de la Unidad Existencial, pues ésta se reproduce análogamente en otras escalas de espacio y tiempo en todos los sub-procesos cerrados temporales en el dominio material, y particularmente en el sub-espectro electromagnético (ELM) que ya sabemos resolver.

Por el Principio de Armonía, toda componente temporal del proceso existencial se comporta análogamente a la com-

ponente fundamental del proceso existencial. Luego, conociendo nuestra versión (en el sub-espectro electromagnético) de la redistribución de unidades de cargas en un sistema resonante RLC, de una configuración de unidades de circulación (átomos, moléculas, cristales) y de unidades de rotación, de cargas eléctricas, podemos extender nuestra versión a un universo de unidades de circulación en otra escala, las constelaciones y sistemas estelares, inmersas en un manto energético de unidades de carga primordiales.

Inicialmente enfrentaremos el mismo problema que encuentran quienes desean entender el conflicto aparente entre el *Principio de Conservación de la Energía* ("la energía, la capacidad de provocar movimiento no se crea ni se pierde, sólo se transforma") y la Segunda Ley de la Termodinámica (por la que todo en el universo tiende a un estado de movimiento final irreversible); conflicto que no ha permitido resolver las inconsistencias del Modelo Cosmológico Standard prevalente.

Todo se debe a no haber reconocido que nuestro manto energético universal es nuestra referencia, ¡una referencia que evoluciona!, aunque no podemos saber de su evolución excepto por sus efectos a través de las estructuras geológicas locales. Nuestra referencia evoluciona a una rapidez variable, razón por la que se interpreta equivocadamente a la resonancia que dio lugar a nuestro universo como un fenómeno de expansión violenta, el Big Bang, y por otra parte tenemos una interpretación equivocada de la temperatura Cero Absoluto de nuestro manto energético.

¡ATENCIÓN!

La temperatura Cero Absoluto es en realidad el valor medio inmutable del manto energético de un sistema de naturaleza binaria. Un manto de unidades de cargas primordiales de naturaleza binaria nos permite entender qué es realmente la temperatura Cero Absoluto en el *Sistema Termodinámico Pri-*

mordial.

No puede haber temperatura Cero Absoluto en una Unidad Existencial cuyas temperaturas en sus entornos límites son (∞) en $Z_{LÍM}$, y ($1/\infty$) en Zn [Ref.(A).1].

La temperatura media inmutable en el entorno de convergencia, en $Z\Phi$, es UNO (1) Absoluto.

Veamos ahora la Unidad Existencial como un volumen de cargas primordiales.

Unidad de carga primordial.

Los elementos de sustancia primordial sobre la periferia del volumen de la misma conforman la superficie límite de la Unidad Existencial; $Z_{LÍM}$ es la superficie límite del espacio de existencia.

La superficie límite es una hipersuperficie (superficie energética) porque tiene capacidad de intercambiar movimientos.

Una hipersuperficie del espacio energético es el lugar geométrico de los "puntos", de las partículas (asociaciones de sustancia primordial), las que a su vez se vinculan formando una entidad energética; y esa entidad llevada al espacio racional de referencia espacial es la superficie geométrica.

La naturaleza de la sustancia primordial es binaria, es decir, sus elementos tienen un volumen espacial absoluto[(*)], finito aunque casi rayano en la nulidad, y una cantidad de movimiento primordial, de rotación, a la que le llamamos *carga* del elemento.

Los elementos de sustancia primordial son un volumen de eso, de sustancia primordial, con una cantidad de movimiento asociado, inherente, inseparable. Los elementos de sustancia primordial son esferillas infinitesimales, de volumen real con una cantidad de movimiento de rotación.

El elemento de sustancia primordial es la *unidad absoluta de*

---

movimiento primordial, de rotación.

NOTA.
Un desplazamiento es un segmento de circulación, de orbitación. No hay desplazamientos en un manto de fluído primordial de sus componentes a nivel absoluto, sino de sus asociaciones inmersas en él. Es fundamental visualizar esta distribución absoluta a la que no se llega jamás físicamente sino por razonamiento, y se confirma por sus efectos en nuestro dominio de observación.

La partícula primordial, la primera generación de asociación de sustancia primordial, es una *unidad de carga primordial*.

(*)
El volumen del elemento de sustancia primordial define la referencia absoluta para lo que luego definimos como *masa*, que es la cantidad de asociación de movimiento por unidad de volumen en nuestro espacio, en nuestro entorno energético.
La *masa* es una variable de creación por el ser humano.
La masa es una variable relativa para ponderar, por sus efectos en el entorno en el que se encuentra, la calidad de asociación de una cantidad de *carga*, de rotación, por unidad de volumen de espacio existencial. La asociación es por las puestas en fase de las rotaciones individuales.

Masa es cantidad de movimiento cerrado contenido por una asociación de sustancia primordial o de partículas primordiales.
Carga es la cantidad de rotación de los elementos de sustancia primordial, de sus primeras asociaciones (las partículas primordiales) o de cualquier unidad de rotación que tiene una masa, una cantidad de movimiento cerrado, y una rotación resultante neta de la superficie sobre la que se cierra el movimiento interno.
Por eso decimos que la existencia de algo, siendo una presencia o manifestación de *sustancia y movimiento*, es también un volumen de movimiento cerrado y una rotación neta de la superficie que contiene el movimiento cerrado;

es decir, un volumen de existencia tiene *masa y carga*.

La Tierra tiene un volumen de asociación de movimiento interno, cerrado, y su superficie tiene una circulación con una componente preferencial, ecuatorial.

La masa es la calidad de la circulación (obviamente cerrada) de redistribuciones de movimientos, cuya componente superficial tiene una circulación unidimensional preferencial (ecuatorial).

La masa nos dice qué tan fuerte es una asociación de movimientos; qué tan fuerte es la puesta en fase de los elementos de circulación interna de una asociación de sustancia primordial.

Por ejemplo, una roca es una cantidad de movimientos cerrados, una circulación de movimientos cuya componente superficial neta (sobre toda la superficie que "contiene" a la roca) es elevada (circulación multidireccional), y de rotación neta nula.

Pero, por otra parte, la superfice de la roca pulsa en la dirección normal a ella, siempre, aunque sea en un sub-espectro que no alcanzamos a detectar. Esta pulsación sigue, "obedece" a la del manto energético en el que se halla inmersa la roca.

Todo, absolutamente todo lo que existe, todo lo que es, toda asociación de sustancia primordial, pulsa u oscila entre estados de pulsación determinados por la temperatura del manto de sustancia que rige el entorno en el que se halla lo que se observa; y todo pulsa a una intensidad directamente relacionada con la temperatura diferencial entre el objeto y el manto energético que rige ese entorno de existencia que se observa.

Más aún.

Aunque no haya temperatura diferencial entre manto energético y objeto inmerso en él, el objeto pulsa a la misma frecuencia a la que pulsa el manto cuya temperatura es constante.

Vayamos ahora a las unidades de carga eléctrica.

Los electrones no tienen masa, decimos; pero es sólo porque es inmedible en nuestra dimensión, o es insignificante frente al efecto de su carga, de su rotación.

Veamos.

En nuestro dominio material relativo,

el elemento de sustancia primordial, teniendo una masa absoluta UNO (1), para nuestra referencia de masa su masa es cero, aunque cero absoluto no existe sino que es una manera de decir que la masa es una parte infinitesimal de la de referencia, lo que se expresa como ($1/\infty$). Sólo puede ser cero la *masa diferencial*; es decir, si dos asociaciones de sustancia primordial tienen igual masa, o igual cantidad de movimiento contenido, decimos que la diferencia de masa entre ellas es nula, o que la *masa diferencial* es nula, cero (0).

Si continuamos, veremos que carga eléctrica es una versión de la carga primordial.

No es necesario extendernos sobre esta analogía obvia.

Manto de fluído primordial.

Propiedades del manto de fluído primordial.

Origen de la pulsación del manto de fluído primordial.

Fuera de la Unidad Existencial nada hay, nada existe, nada se define.

Que la nada, la no existencia absoluta fuera del espacio de existencia, sea carente de movimiento es equivalente a que la "masa" del vacío absoluto, de la nada, sea absolutamente infinita.

Frente al vacío absoluto fuera del colosal volumen de sustancia primordial, ésta y sus asociaciones que contienen movimiento (rotación) reaccionan provocando sus disociaciones y reasociaciones continua, incesante, eternamente, y una reposición de los ejes de rotación de las unidades de rotación, de las unidades de carga primordiales, de los elementos de sustancia primordial, de manera de ofrecer menor resistencia al vacío absoluto.

Obviamente hay una separación entre la Unidad Existencial y

la nada fuera de ella. Es la superficie límite $Z_{LÍM}$ conformada por elementos de sustancia primordial de la periferia del volumen que conforma la Unidad Existencial.

Toda unidad de carga primordial que se halle junto a la nada fuera de $Z_{LÍM}$ va a acelerarse al máximo posible tratando de contrarrestar la ausencia absoluta de movimiento fuera de ella, tratando de transferir movimiento a la nada fuera de ella, por lo que las asociaciones van disociándose para permitir que las unidades de carga se aceleren, y éstas van reposicionando sus ejes de rotación en posición normal a la superficie límite, de manera de reducir la fricción. En el límite de volumen casi nulo de la unidad de carga primordial, el eje de rotación ofrece una cantidad de movimiento superficial infinita en el punto de "contacto" con la nada, y una componente nula normal a la periferia $Z_{LÍM}$; situación que no puede mantenerse frente a la estructura de movimiento de la que es parte, del movimiento de todo el manto de sustancia primordial dentro de la Unidad Existencial. La geometría esférica del volumen de la Unidad Existencial y las rapideces de redistribución (constantes de tiempo de redistribuciones de las asociaciones) no permiten un crecimiento degenerativo de la cantidad de rotación de los elementos de sustancia primordial cuya naturaleza es binaria[Ref.(A).1].

Cuando la unidad de carga en la superficie límite alcanza el límite natural dado por el volumen de sustancia primordial de la Unidad Existencial, ella "salta" fuera del entorno de la superficie límite $Z_{LÍM}$, y otra unidad de carga ocupa su lugar; y así sucesiva, continua, incesante, eternamente.

La geometría del volumen de sustancia primordial y sus asociaciones que conforman la Unidad Existencial hace que la redistribución de las disociaciones y reasociaciones, y reposiciones de los ejes de rotación, generen la pulsación del manto de fluído primordial en que todo se halla inmerso dentro de la Unidad Existencial.

El patrón primordial de distribución del manto de *unidades de carga primordial*, la configuración de la *Unidad de Circulación Primordial*, es consecuencia del cierre absoluto del manto dado por el vacío absoluto, por la nada fuera de él.

El manto de fluído primordial es simplemente la parte del volumen de sustancia primordial de la Unidad Existencial (del volumen contenido contenido por $Z_{LíM}$) que está conformada por la sustancia primordial sin asociaciones. [No es estrictamente cierto, pero hasta que se visualice que en realidad es una distribución de entornos de pulsación de unidades de hiperrotación, aceptemos esta simplificación. (Hiperrotación es rotación sobre tres ejes normales entre sí que se cortan en el centro de la unidad)] Ref.(A).1, sección Sustancia Primordial.

El manto de fluído primordial es un manto de *unidades de carga primordial*, de elementos de sustancia cuya masa es casi nula y con una cantidad de rotación fantástica, absolutamente inalcanzable desde nuestro dominio, que le confiere al manto de fluído primordial una conductividad y transferibilidad máxima de todo y cualquier cambio que ocurre en todo y cualquier punto del mismo. Un cambio sobre este nivel del manto tiene lugar a una rapidez fantástica que es virtualmente nula desde nuestro entorno del proceso existencial.

Frente a la rapidez de redistribución en el nivel absoluto del manto de fluído primordial, la velocidad de la luz es sumamente lenta.

Salvando las escalas de espacio y tiempo, las redistribuciones de cargas primordiales tienen las mismas características que observamos para las redistribuciones de cargas eléctricas del subespectro electromagnético (ELM). Después de todo, el comportamiento de las cargas eléctricas sigue el patrón primordial fijado por la dimensión energética de la que ellas son una versión.

XXVI

Big Bang

Fenómeno de Resonancia

Resonancia es simplemente una exuberancia energética generada por la convergencia de redistribuciones de energía desde una
disociación binaria, desde un entorno de divergencia, que genera
la expansión del entorno de convergencia; todo sustentado por un
manto de referencia.

El sub-espectro de disociaciones va a interactuar con el sub-
espectro sobre el que converge. Ambos sub-espectros son binarios; tienen masa y carga. Frente al manto tienen rapideces de redistribuciones diferentes, y por eso algunos componentes se en-
tretienen, se demoran en el entorno, generando lo que observamos como resonancia, como una exuberancia, un pulso o una expansión volumétrica.

La redistribución toma diferentes tiempos[a] (diferentes cantidades de movimiento de referencia) para diferentes dimensiones
del manto energético y de las estructuras inmersas en él. Por e-
jemplo, para variar la temperatura de un objeto hay que suminis-
trarle (o cambiar) cargas térmicas durante un cierto tiempo.

En el manto, la transferencia de un sub-espectro de pulsaciones tiene lugar a rapideces diferentes para cada componente del
sub-espectro. Igualmente, hay componentes del objeto que integran más rapidamente ciertas componentes que otras. Las que
toman más tiempo interactúan con las que convergen a él y se
genera un cambio temporal mayor en ese componente del sub-
espectro que en los otros. Es lo que se ve como resonancia.

Estas diferencias de rapideces de redistribuciones en el manto
energético universal es lo que nos confunde en la interpretación

de la resonancia que dio lugar a nuestro universo; resonancia a la que se toma como una expansión inicialmente violenta, rápida.

No hay expansión violenta (rápida) en el manto primordial, sino en las estructuras inmersas en él cuando éstas llegan al punto de colapso frente a ese manto energético. Cuando nosotros observamos resonancia en nuestras estructuras RLC[b] en el sub-espectro electromagnético, observamos esos cambios en el arreglo de electrones; pero hay un cambio mucho más rápido en otra dimensión, en las rotaciones de los electrones que no vemos y cuya integración en nuestro detector es lo que se observa como una curva "suave" de resonancia; y hay otra componente más lenta, la de redistribución del volumen de los componentes RLC, redistribuciones indicadas por los cambios en sus temperaturas.

Luego de iniciado el proceso UNIVERSO, luego de haberse revertido la dirección de redistribución del manto energético universal, las componentes primordiales iniciaron sus redistribuciones a velocidades fantásticas, pero mucho tiempo de integración tuvo que transcurrir hasta obtener nuevas partículas en nuestro dominio material, en el sub-espectro visible.

Considerar resonancia en un *Capacitor Binario.*

Considerar resonancia en la Unidad Binaria sobre el hiperanillo preferencial, ecuatorial, de la hipersuperficie de convergencia energética ZΦ de la estructura TRINIDAD PRIMORDIAL de la Unidad Existencial. ZΦ es la hipersuperficie de resonancia del *Sistema Resonante Primordial.*

(a)
El tiempo es una variable independiente, de nuestra creación; es una cantidad de movimiento de una referencia (átomo de cesio) para ponderar la cantidad de proceso, de intercambio de energía, de cargas.

(b)
Resistor de resistencia R; inductor de inductancia L, y capacitor de capacitancia C.

XXVII

Trinidad Energética de la Unidad Existencial

Los componentes de la trinidad energética de la Unidad Existencial son:

- dominio de Gravitación (GRA),
- sub-dominio de Inducción (IND), y
- dominio de circulación (k), en el que se encuentra nuestro dominio material.

En la Figura XI, el dominio de Gravitación (GRA) es todo lo que está fuera de la hipersuperficie de convergencia $Z\Phi$; el sub-dominio de Inducción (IND) es lo que está dentro de ella; y el dominio de circulación (k) es el que se halla sobre y en el entorno inmediato de la hipersuperficie de convergencia energética $Z\Phi$, y particularmente a lo largo del hiperanillo $h\Phi$.

El dominio de circulación (k) es el dominio material.

El dominio material tiene dos sub-dominios: el de nuestra materia (universo Alfa) y el de la "materia oscura" (universo Omega).

Esta configuración de la Unidad Existencial es natural, es eterna; no tuvo jamás un inicio, no obstante, puede modelarse su recreación por la que puede entenderse por qué es ésta la configuración natural de la distribución de la sustancia primordial y sus asociaciones [Ref.(A).1].

Hay una redistribución desde $Z_{LÍM}$ hacia el núcleo Z_n, y desde éste hacia la periferia.

Un modelo de redistribución por Intersección de Trenes de Ondas se ofrece en la referencia (A).1.

Estas dos redistribuciones tienen constantes de tiempo o rapideces de redistribuciones diferentes, por lo que se genera un entorno de convergencia $Z\Phi$ entre la periferia $Z_{LÍM}$ y el núcleo Z_n,

con un hiperanillo ecuatorial preferencial sobre el que se dispone una unidad binaria [Alfa-Omega] y otra unidad binaria [POLO NORTE-POLO SUR] de ZΦ. Tenemos espirales espaciales polares y ecuatoriales, con hebras energéticas como centollas de mar.
NOTA.
No podemos cubrir esta configuración de hebras energéticas en este libro. Una aproximación es la que ofrecemos en la Figura XII, Estructura de Resonancia de la Tierra, que es absolutamente análoga a la de la Unidad Primordial.

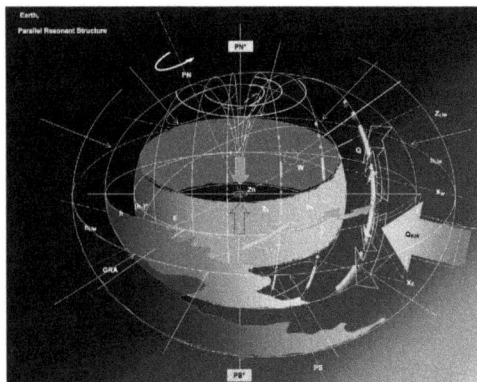

Figura XII.
Estructura de Resonancia de la Tierra.

En las Figuras XVII y XVIII ofrecemos unas ilustraciones de la distribuciones exponenciales de los dominios D_1 y D_2 y su convergencia, la estructura de circulación (k). No podemos detenernos en una exploración de esas distribuciones pues no es el objetivo de esta sección sino mostrar lo que tenemos disponible para una revisión individual, personal, más profunda. Un material de apoyo para esa revisión está siendo preparado (*Recreación del Universo, Modelo Cosmológico Unificado*).

Unidad Existencial

Colosal Capacitor Binario

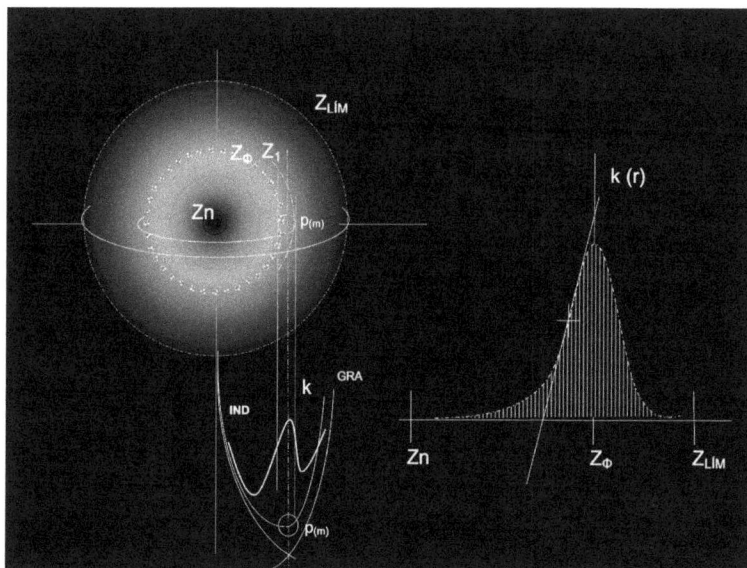

Figura XIII.
Fuente de potencial diferencial de cargas primordiales.

Todo manto energético es una distribución de *unidades de circulación y unidades de rotación*, o de relación [Ξ/e*] [Ref.(A).1].

En un capacitor eléctrico tenemos una distribución de electrones, de unidades de carga eléctrica, y la redistribución consiste en eliminar la diferencia de densidad de cargas entre una placa y otra del capacitor (entre $Z_{LÍM}$ y Zn en la Unidad Existencial).

Las placas del capacitor tienen la misma relación estructural [Ξ/e*] (unidades de circulación Ξ y rotación e*) pero es diferente en el manto entre ellas.

En el capacitor binario tenemos las mismas cargas primordiales en todo el manto, con diferentes cantidades de cargas en los entornos $Z_{LÍM}$ y Zn, y tenemos diferentes distribuciones [Ξ/e^*] de los componentes binarios del manto energético entre $Z_{LÍM}$ y Zn, lo que afecta la rapidez de redistribuciones de las cargas primordiales.

¡ATENCIÓN!

En el capacitor eléctrico se forma una hipersuperficie media entre ambas placas, dada por la densidad media de electrones entre una placa y otra (obviamente no vemos esta hipersuperficie dentro del capacitor, pero existe energéticamente cuando el capacitor es energizado). Es el valor medio de los electrones del manto entre las placas, valor alrededor del que varía la oscilación de los electrones durante un proceso de oscilación sostenida (como ocurre en una configuración de un oscilador permanente).

En el capacitor binario, la pulsación desde todos los puntos de la hipersuperficie límite $Z_{LÍM}$ genera una circulación (k) sobre el hiperanillo preferencial ecuatorial $h\Phi$ de la hipersuperficie de convergencia $Z\Phi$.

Analogías Energéticas Trinitarias

Configuración RLC - Hiperespacio de Existencia

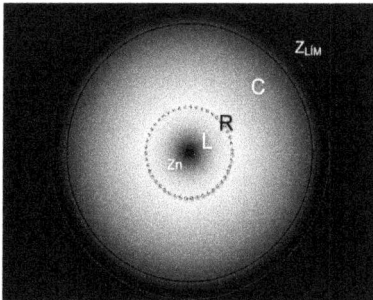

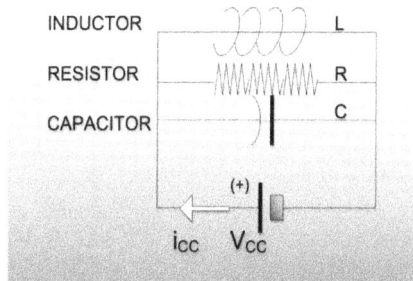

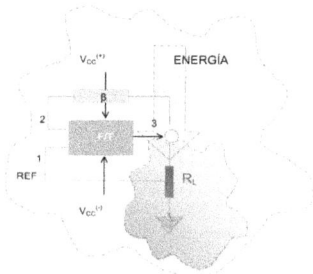

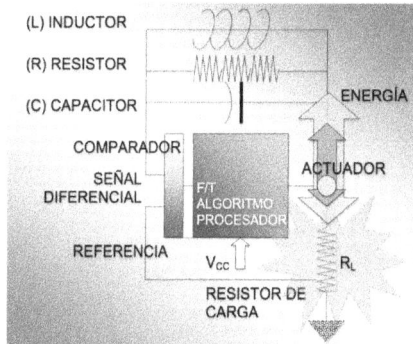

Figura XIV.
Un arreglo RLC en paralelo es análogo a una hiperesfera binaria.

Los componentes de un arreglo RLC en paralelo del sub-espectro electromagnético son análogos a los componentes k, D_1 y D_2 respectivamente, de la Unidad Existencial.

En realidad, no es el arreglo RLC en paralelo sino el sistema oscilante, resonante con un arreglo RLC en paralelo, lo que es análogo a la Unidad Existencial. Ver texto.

Los componentes R, L y C, por separado, son volúmenes de distribuciones de las relaciones entre *unidades de circulación y de rotación*, de la relación [Ξ/e*], que tienen una capacidad de redistribuir cargas eléctricas a constantes de tiempo conformes a esas distribuciones. Ver texto.

En el capacitor C hay una relación [Ξ/e*] en las placas y otra en el dieléctrico entre ambas placas; en el resistor R esta relación es básicamente uniforme en todo el volumen del resistor; en el inductor L hay una distribución potencial (realmente es exponencial) de esta distribución.

XXVIII

Capacitor Binario

(Una breve introducción)

Reconocimiento y visualización de la razón que conduce a la interpretación prevalente de que el universo evoluciona hacia un estado energético irreversible

La analogía del *Capacitor Binario* nos permite visualizar las hebras energéticas que conforman la *Unidad de Circulación*.

Una analogía entre las formas de vida es una centolla de mar.

El cuerpo de la centolla es el dominio de inducción (D_1, del inductor de inductancia L); las hebras de la centolla son las hebras del dominio de gravitación primordial (D_2, del capacitor de capacitancia C); todo inmerso en el líquido "amniótico" o fluído primordial que sustenta la centolla y estimula sus recreaciones de sí misma a través de la pulsación *existencial* que tiene lugar y se transfiere por el manto de fluído primordial.

La Unidad Existencial es una presencia eterna de un colosal volumen de sustancia primordial y sus asociaciones.

La presencia de la sustancia primordial se confirma a sí misma en Todo Lo Que Es, Todo Lo Que Existe; en todo lo que se observa, detecta y experimenta ya que,

"Nada puede crearse desde la nada".

Debido a la naturaleza binaria de la sustancia primordial, la primera generación de sus asociaciones, las partículas primordiales, son entidades de las que las *cargas eléctricas* en el sub-espectro electromagnético (ELM) son sus versiones en nuestro dominio del manto de fluído primordial.

Las partículas primordiales son unidades primordiales de *carga*; son unidades que tienen masa y cantidad de rotación.

Un manto de unidades de carga primordial es una entidad energética de la que el manto de electrones es un sub-espectro o sub-dimensión de asociación de unidades primordiales de carga.

Lo que nosotros hacemos con los mantos de electrones de los sistemas electromagnéticos en nuestras aplicaciones es manipular el entorno de electrones disponibles dentro de las estructuras RLC (resistor de resistencia R; inductor de inductancia L, y capacitor de capacitancia C) y en los conductores.

Toda estructura RLC es una entidad trinitaria en la que tiene lugar un intercambio entre dos sub-dominios de electrones (en el inductor y en el capacitor) frente a una estructura de base, de referencia (en el resistor).

Nuestras configuraciones RLC pueden proporcionarnos el extraordinario comportamiento que les caracteriza porque llevamos la base del sistema RLC a un nivel de referencia dado por el flujo continuo de electrones sobre un resistor de carga (R_L) mostrado en la Figura XIV, ilustración derecha inferior; el flujo de cargas es proporcionado por una fuente de cargas V_{CC} (de electrones).

En realidad, no hay tal flujo de electrones sino un desplazamiento de cargas, de cantidades de rotaciones de los electrones de un entorno de la fuente de potencial (digamos que del entorno positivo) al otro entorno (negativo), o al revés, dependiendo de la convención que se prefiera emplear.

Este comportamiento no podría tener lugar si en alguna parte, en otra dimensión energética de nuestro universo, no ocurriera lo mismo y a partir de lo cual se permite lo que hacemos en este entorno.

La aproximación racional más simple para conectar el comportamiento de las cargas eléctricas en el sub-espectro electromagnético con el comportamiento de las cargas primordiales en la Unidad Existencial es a través de las propiedades topológicas del manto energético universal, propiedades inherentes al mismo debido a la naturaleza binaria de la sustancia primordial y todas sus asociaciones, particularmente el manto sin estructuras materiales, sin asociaciones en nuestra dimensión energética.

Veamos la Figura XIV, ilustraciones de la parte superior.

El capacitor binario de la izquierda es análogo a la estructura RLC en paralelo de la derecha.

Para esta analogía tomamos una fuente de potencial eléctrico continuo cuya configuración es esférica y separamos los entornos de baja densidad de cargas [entorno negativo (-), núcleo Zn en la Unidad Existencial] del entorno de alta densidad de cargas [entorno positivo (+), hipersuperficie límite $Z_{LÍM}$ en la Unidad Existencial] con una esfera resistiva interna de resistencia muy elevada ($R\rightarrow \infty$), la estructura de circulación (k) de la Unidad Existencial.

Permitámonos enfatizar.

Tenemos en la parte superior izquierda de la Figura XIV una esfera Z de cargas cuya distribución espacial la define como una fuente de diferencia de densidad de cargas, como una fuente de potencial eléctrico entre Z y el centro de la esfera; es un volumen de cargas diferentes en la periferia y en el centro, separados por un resistor esférico de resistencia R.

Hay una diferencia de potencial, una diferencia de densidad de cargas entre todo punto de la superficie periférica Z y el centro Zn o núcleo de la fuente de potencial, con un valor medio sobre R.

Ahora bien.

Análogamente al resistor R del capacitor binario de la Figura XIV, parte superior izquierda,

en todo capacitor eléctrico C hay una hipersuperficie energética real que ofrece la función de R en esta configuración de la Figura XIV. Esa hipersuperficie es dada por el valor medio de la distribución de electrones en el espacio entre las placas del capacitor C en un proceso de oscilación de electrones entre ellas; [esta hipersuperficie quedará de hecho "conectada" trabajando en paralelo con la R_L de carga que veremos en la configuración RLC, pero como es de un valor muy pequeño se debe agregar la R_L externa (usualmente la R dentro del capacitor sólo se tiene en cuenta como resistencia de pérdidas del capacitor por calor)];

en la configuración RLC, esa hipersuperficie energética R que mencionamos antes dentro del capacitor binario es la R_L externa, la resistencia de carga, que ofrece un potencial medio sobre el que ocurre la oscilación que observamos entre L y C a través de ella mientras que en el centro del capacitor hay una oscilación alrededor de un valor medio dentro del mismo... ¡que no observamos!, pero traemos aquí para explicar que en las configuraciones RLC que observamos, en nuestra dimensión energética, en el capacitor C ocurre lo mismo que dentro del capacitor binario... ¡pero en otra dimensión energética! Lo mismo ocurre dentro del inductor, lo que nos lleva a visualizar que inductor y capacitor son simplemente configuraciones cerradas que ofrecen gradientes espaciales de cargas que determinan los gradientes de tiempo, las rapideces de redistribuciones con respecto a la dada por la resistencia R_L. Una vez más, R_L de carga es para generar el valor medio de potencial sobre el que ocurre la oscilación en nuestro dominio, pero en la Unidad Existencial la función de R_L es dada por la estructura de circulación (k) representada por R en la parte superior izquierda de la Figura XIV.

Regresemos al capacitor de la parte superior izquierda de la Figura XIV.

¿Qué pasa si el entorno Zn tiene un potencial eléctrico positivo con respecto a ZΦ que es igual al potencial de $Z_{LÍM}$ con respecto a ZΦ?

Eventualmente todas las cargas en Zn y $Z_{LÍM}$ se redistribuirán a

---

través de $Z\Phi$.

Lo que ocurre como redistribución de las cargas en este sistema es análogo a lo que se observa en nuestro universo: todo evoluciona hacia un estado de equilibrio, de cese de intercambio energético, de menor disponibilidad de energía. Es cuando los potenciales en Zn, R (que es $Z\Phi$) y $Z_{LíM}$ sean iguales, y sobre R entre Zn y $Z_{LíM}$ no haya ningún intercambio.

Es lo que pareciera que ocurre con nuestro universo.

Pero esto que observamos en nuestro dominio material y temporal del proceso UNIVERSO es sólo porque todo lo que hacemos y observamos ocurre en algún nivel del manto energético que está por encima (o por debajo, depende de la convención que tomemos) de su valor medio; valor medio al que hemos tomado como la temperatura Cero Absoluto cuando en realidad este valor cero es el valor medio frente al cual el manto energético en el que estamos "montados" evoluciona entre dos valores límites opuestos. (Nuestro manto energético oscila entre dos valores límites en períodos de billones de años terrestres).

Cuando nosotros tenemos un arreglo RLC y lo energizamos, se produce una redistribución transitoria que cesa al cabo de un cierto tiempo. Una configuración RLC excitada directamente por una fuente de potencial continuo no va a oscilar permanentemente, nunca, pues la fuente de potencial es unidireccional.

Igualmente ocurre en nuestro universo.

Estamos "montados" en una configuración energética que evoluciona en una sola dirección y fuerza todo lo que se halla inmerso en él a evolucionar en la misma dirección... hasta que se invierta la dirección de evolución.

Lo que en realidad hace oscilar a una configuración RLC es el excitarla estando sobre un manto que pueda variar por encima y debajo de un valor medio. Es lo que hace el circuito oscilador, que tiene un resistor de carga que confiere ese valor medio, y además hay una realimentación negativa que la configuración simple RLC no tiene.

No oscila permanentemente ningún sistema RLC aislado sino el sistema [fuente-amplificador-configuración RLC].

Esto que observamos en esta configuración análoga sim- ple es porque estamos teniendo en cuenta la redistribución de cargas eléctricas frente a una fuente de potencial que no varía (nuestra fuente V_{CC}). En la Unidad Existencial la distri- bución espacial de la diferencia de potencial, del volumen de pulsación existencial que es eternamente constante, varía. La distribución del volumen de pulsación, de la fuente de poten- cial primordial, varía en una dimensión de asociaciones, en un dominio energético, pero la variación en el dominio ma- terial le sigue con otra rapidez y con un retraso de tiempo.

Lo que hace la diferencia y permite la oscilación es la pre- sencia de un sistema binario [en la Unidad Existencial es el sistema (Alfa-Omega)].

El sistema binario "divide" al proceso continuo de genera- ción de la pulsación primordial en dos armónicas fundamen- tales opuestas debido a la configuración geométrica de la U- nidad Existencial, del volumen de cargas primordiales: una armónica ecuatorial y otra polar.

Para continuar con una revisión adicional individual, personal, planteamos la siguiente pregunta,

¿Qué pasa con las cargas primordiales que son binarias como las eléctricas, es decir, intercambian cantidad de rotación y volu- men?

En nuestros sistemas, el intercambio de rotación que genera cambios de volúmenes que no percibimos, se ve, sin embargo, como cambio en la temperatura; o dicho de otra manera, el cam-

bio de temperatura indica cambios de volúmenes en las asociaciones en el sistema de intercambio.

**Las redistribuciones en el dominio primordial dan lugar a
los cambios de volúmenes, a las disociaciones y reasociaciones que observamos en nuestro universo y experimentamos
como calor.**

Analogía con la centolla.

Hebras energéticas en el capacitor binario.

Con respecto a la hipersuperficie $Z_{LÍM}$ de la Unidad Existencial,
cada radio es una estructura RLC en serie; es una hebra RLC en
la que R es el "punto" coincidente con $Z\Phi$ (es la unidad de circulación coincidente con $Z\Phi$), L es la parte de la hebra radial hacia Zn
(es la parte de la hebra en D_1), y C es la parte de la hebra radial
hacia $Z_{LÍM}$ (es la parte de la hebra en D_2).

La estructura de la Unidad Existencial es la integración de todas esas hebras radiales; es una estructura análoga a la configuración RLC en paralelo.

La estructura a lo largo del hiperanillo hΦ es una estructura a-
náloga a RLC en serie, pero sus componentes binarios Alfa y O-
mega son estructuras en paralelo en sí mismas, uno actuando como C del arreglo en serie, y otro actuando como L del mismo a-
rreglo en serie; y aquí, en el arreglo en serie, la resistencia R es
mínima, por lo que en los arreglos en nuestras aplicaciones en el
sub-espectro electromagnético usamos las R_L de carga tan bajas
como sea posible. (Alfa es un arreglo RLC en paralelo, y Omega
es la estructura en paralelo recíproca que se desarrolla dentro del
amplificador de las configuraciones de un oscilador RLC).

XXIX

ZΦ

Hipersuperficie "portadora" del proceso consciente de sí mismo, de la FUNCIÓN EXISTENCIAL

Entorno de resonancia primordial

Hemos venido refiriéndonos en diversas oportunidades a la hipersuperficie ZΦ de convergencia energética de la Unidad Existencial y sus características. Ahora presentamos en esta sección una consolidación de sus características.

Antes que nada, es bueno recordarnos que,
Una Unidad Existencial de fluído primordial binario con una cantidad de movimiento inherente se redistribuye o conforma, inevitable e inescapablemente, una *Unidad de Circulación Primordial* que tiene un entorno de circulación infinita en $Z_{LÍM}$ (rotación neta nula sobre $Z_{LÍM}$) y un entorno de circulación nula en Zn (rotación neta infinita en Zn, sobre el eje polar de ZΦ), por lo que hay un entorno interno ZΦ con una circulación media UNO (1) y una rotación media UNO (1) en el hiperanillo hΦ preferencial ecuatorial de ZΦ.

De esta configuración se derivan el Teorema de Stokes y la Ley de Ampere.

Nos referiremos a las Figuras XV a XVIII, al final de esta Parte III y antes de Conclusión.

La hipersuperficie energética ZΦ es la estructura del manto de fluído primordial que resulta como lugar geométrico de los "puntos" o entornos del mismo que tienen un valor medio de densidad energética absolutamente inmutable sobre un período completo de redistribución de la Unidad Existencial (o cuya integral sobre toda la hipersuperficie ZΦ no varía en ningún instante del proceso existencial).

Así, este entorno, la hipersuperficie de convergencia ZΦ, es la referencia energética de la FUNCIÓN EXISTENCIAL; es la hipersuperficie de referencia de comparaciones e interacciones de la TRINIDAD PRIMORDIAL.

Sobre la estructura de ZΦ y su entorno tienen lugar las interacciones y comparaciones que sustentan la Consciencia Universal; y ella tiene las relaciones por las que se rigen esas interacciones y todas las redistribuciones energéticas de la Unidad Existencial. Esta estructura es la *Conciencia Universal* (no es consciencia).

La hipersuperficie de convergencia energética ZΦ es la membrana primordial de la Unidad Existencial; pulsa a una frecuencia particular: es la frecuencia correspondiente a la primera componente de la Serie de Fourier por la que se descompone y describe racionalmente la Unidad Existencial; es la frecuencia de recreación de los entornos energéticos que sustentan las manifestaciones de vida universal; es la frecuencia a la que ocurre la re-energización de los componentes Alfa y Omega de la Unidad Binaria del *Sistema Termodinámico Primordial* ubicada sobre el hiperanillo preferencial, o mejor, sobre la banda ecuatorial ZΦ.

Sobre el hiperanillo hΦ de ZΦ tiene lugar el flujo de carga absolutamente constante que se descompone y describe por sus componentes temporales; es el flujo primordial análogo al flujo de cargas, corriente, en el sub-espectro electromagnético.

218

(En el arreglo de identidad consciente de sí misma este flujo es el flujo de pensamientos).

$Z\Phi$ es una hipersuperficie de convergencia de un arreglo de hebras energéticas. (Recordemos la analogía de la centolla de mar en la sección anterior).

La hipersuperficie de convergencia $Z\Phi$ es la "capa" fundamental de la estructura en "capas de cebolla" del manto de fluído primordial.

Esta "capa" divide a la Unidad Existencial en los dos sub-dominios de asociaciones fundamentales de la sustancia primordial: el sub-dominio interno D_1 y el sub-dominio externo D_2, que son los sub-dominios de disociación y re-asociación de las partículas primordiales. La configuración "capas de cebolla" es dada por la oscilación de la distribución de densidad del manto de *fluído primordial*, de las asociaciones de sustancia primordial, de las partículas primordiales y estructuras materiales inmersas en él. Aunque no vemos estas "capas", ellas son las que permiten que tengamos la generación de la experiencia de pasado y futuro en un proceso que ocurre siempre en presente.

Las diferentes "capas de cebolla" contienen diferentes colectividades o universos de vida.

Sobre la membrana de la Unidad Existencial convergen todas las componentes temporales de la Unidad Existencial. Es decir, la hipersuperficie de convergencia energética $Z\Phi$ contiene todas las frecuencias de rotación y pulsación del manto de fluído primordial.

A la membrana $Z\Phi$ convergen los dos colosales dominios que definen los dos campos primordiales: *gravitatorio (GRA) e inducción (IND)*, y sobre esos campos de gran constante de tiempo se modulan entornos infinitesimales con constantes de tiempo infini-

JUAN CARLOS MARTINO

tesimales. Esos campos infinitesimales son los que luego reconocemos colectivamente como *campo cuántico.*

Los dos dominios de asociaciones que definen los campos *gravitatorio (GRA)* e *inducción (IND)* tiene lugar sobre una portadora espacial, una distribución exponencial cada una; son las distribuciones D_1 y D_2 que van desde Zn hacia $Z\Phi$ y desde $Z_{LÍM}$ hacia $Z\Phi$ respectivamente.

La fuerza de gravedad no reside en la nuclearización universal sino en la redistribución del *fluído primordial,* pero tiene relación con la masa de la nuclearización.

El campo gravitatorio en nuestro universo es la redistribución del manto energético universal hacia la nuclearización inmersa en él.

La pulsación fundamental de $Z\Phi$ llega y estimula a todas las moléculas de vida.

La demodulación de la información de vida tiene lugar durante la alineación espacial de Alfa y Omega en sus equinoxios.

$Z\Phi$ es la hipersuperficie donde tiene lugar la supervisión y control de evolución del proceso existencial.

Es el entorno de convergencia de todas las relaciones causa y efecto del proceso existencial.

$Z\Phi$ es la hipersuperficie de control de evolución de nuestro universo, de nuestra galaxia, de nuestro sistema solar, de nuestro planeta.

La función de control de cierre de todas las redistribuciones de las variaciones de las cargas primordiales es inherente a la configuración de la Unidad Existencial. Esto es sumamente importante pues nos dice que toda divergencia temporal del proceso existencial consciente de sí mismo va a regresar a su estado natural eterno.

La función de control es consecuencia natural de la estructura de proceso existencial que se sustenta por, y sobre la presencia del manto inmensurable de sustancia primordial de naturaleza binaria y su reacción frente a la no-existencia fuera de ella.

La inteligencia, la característica de interacción o de proceso cerrado autosupervisado y controlado, es inherente a la existencia. De esta característica derivamos luego la condición de cierre de nuestros procesos locales temporales que empleamos en nuestras expresiones matemáticas [por ejemplo, la condición de cierre de los sistemas resonantes en las aplicaciones en el sub-espectro electromagnético (ELM): la variación de los volúmenes de cargas primordiales en cada sub-dominio D_1 y D_2 son iguales en todo instante de proceso, pero varían sus distribuciones espaciales y sus componentes temporales (descripto por la *Serie de Fourier*. $Z\Phi$ "supervisa" esta igualdad, o mejor dicho, sobre ella tiene lugar esta igualdad primordial)].

$Z\Phi$, hipersuperficie de referencia de la TRINIDAD PRIMORDIAL, es referencia del entorno de intermodulación del manto de fluído primordial, del entorno de interacciones y comparaciones que establece y sustenta la FUNCIÓN EXISTENCIAL CONSCIENTE DE SÍ MISMA, la Consciencia Universal, Dios.

$Z\Phi$ tiene la estructura de referencia de las interacciones y comparaciones entre los componentes de la Unidad Binaria [Alfa-Omega].

El entorno alrededor de $Z\Phi$ es la "residencia" del Espíritu de Vida.

$Z\Phi$ es la hipersuperficie sobre la que ocurre el intercambio de experiencias en diferentes dimensiones de tiempo que conducen a la consciencia de sí mismo del hiperespacio de existencia, DIOS;

es la hipersuperficie de la que se deriva nuestra estructura de control del proceso que conocemos como el proceso racional, control por el que voluntaria, y conscientemente desde nuestro nivel de consciencia, evolucionamos hacia otro nivel trascendiendo este entorno en el que estamos manifestados, inmersos;

es la hipersuperficie sobre la que se encuentra la estructura de *Conciencia* (no es con*s*ciencia), el arreglo de referencia del proceso existencial [la estructura de interacción consciente de sí misma tiene una configuración en "capas de cebolla", hipersuperficies Z's a ambos lados de la hipersuperficie de convergencia ZΦ];

es la membrana de la estructura TRINITARIA PRIMORDIAL de la que nuestra estructura trinitaria *alma-mente-cuerpo* es *imagen y semejanza*.

XXX

hΦ

Hiperanillo de Circulación de ZΦ

Componente fundamental de la estructura de circulación k de la Unidad Existencial U

Sobre el hiperanillo hΦ tiene lugar la componente fundamental, la primera armónica del resultado de la convergencia e interacción de los dos sub-dominios energéticos D_1 y D_2. La cantidad de asociación material que establece y define al dominio material todo (materia y "materia oscura") es absolutamente constante en todo instante, pero varía su distribución alrededor de este hiperanillo.

El hiperanillo hΦ es el lugar geométrico constante, inmutable, sobre el que tiene lugar la componente fundamental de la estructura de circulación k de la Unidad Existencial U.
Ver distribución de la circulación k en la Figura XVII.

¡ATENCIÓN!
Sobre el hiperanillo hΦ reconocemos la relación primordial absolutamente constante de la Unidad Existencial, y del proceso de redistribución de cargas, de la relación a la que conocemos como la constante matemática $\underline{e}$, la base de los logaritmos naturales [Ref. (A).1].

XXXI

Tiempo

Componentes Temporales
de la intermodulación del manto energético

Huecos Negros

La rotación de la unidad de carga primordial es la *variable independiente del proceso existencial*, del proceso de redistribuciones e interacciones que definen la FUNCIÓN EXISTENCIAL.

Cualquier y todo evento observado, experimentado, se debe a un cambio o redistribución de una configuración de unidades de carga primordiales, de rotaciones.

La rotación es inherente a la unidad de carga primordial, pero varía entre dos estados límites debido a la redistribución de la sustancia primordial y sus asociaciones que establecen y definen a la Unidad Existencial.

Tiempo es una variable independiente de creación por el ser humano, por la que se pondera la cantidad de proceso existencial o la cantidad de redistribución energética transcurrida entre dos eventos o estados observados o experimentados.

Unidad de tiempo es una cantidad determinada de una pulsación de referencia que en nuestro caso es la de un átomo de Cesio (Cs).

La componente fundamental de la transformada de Fourier de la estructura de circulación k de la Unidad Existencial es la de menor frecuencia (o de mayor período T); es la primera armónica que determina el período de redistribución de la Unidad Existencial, de re-energización de los componentes de la Unidad Binaria [Alfa-Omega].

La componente de mayor frecuencia de la transformada de Fourier de la *Unidad de Circulación* es la componente primordial que sincroniza todas las componentes temporales de la Unidad Existencial.
Esta componente es una "manta" de asociaciones.
Ésta es la componente de asociación sobre la que se generan los dominios de las fuerzas primordiales de asociación y disociación, de *gravitación e inducción primordiales* por asociación de las partículas primordiales, con mayor pulsación (infinita, inmensurablemente alta); y los dominios de las fuerzas de *amor y temor* en la estructura de Consciencia Universal.

Sobre esta "manta" fundamental está "montado" nuestro manto energético universal; y sobre el manto universal, el manto galáctico, y sobre éste, el solar. En realidad, los mantos son entidades con una frecuencia común por la que se asocian todos sus componentes. Esas frecuencias comunes son las frecuencias "portadoras" de los diferentes mantos todos entremezclados.

La fuerza de *inducción primordial* es la que genera las redistribuciones que causan el fenómeno que hoy se reconoce como "hueco negro" (black hole).

La Unidad Existencial

Hiperespacio Multidimensional de Naturaleza Binaria

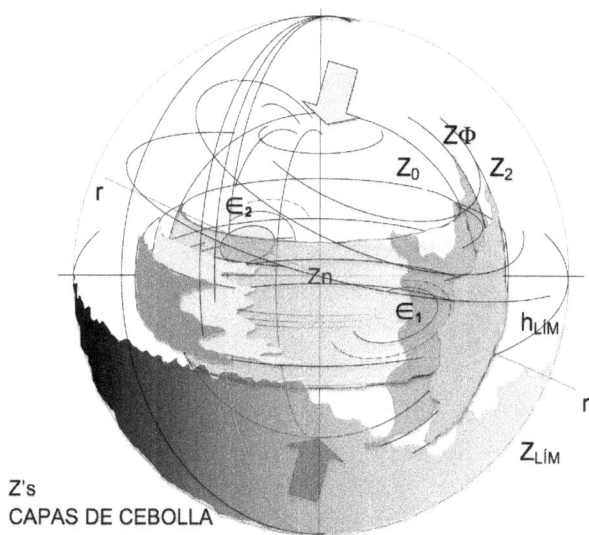

Figura XV.

Nuestro universo es la hiper galaxia Alfa, aquí indicada como $\in_1$.

Estamos, la especie humana en la Tierra, en nuestro universo, en la hiper galaxia Alfa, en el "centro" energético del hiperespacio de existencia, en la hipersuperficie de convergencia energética $Z\Phi$ de la Unidad Existencial; en el dominio material, en el entorno de convergencia de los dos sub-dominios D_2 y D_1, sub-dominios de a-sociación y disociación, respectivamente, de la sustancia primordial y las partículas primordiales.

Estamos sobre una componente temporal oscilatoria de la estructura de circulación de la Unidad Existencial. Esta componente es representada por la curva senoidal sobre la que están las hiper galaxias Alfa y Omega que vemos en la ilustración inferior derecha de la Figura XVI, y la curva senoidal punteada entre las circulaciones k(+) y k(-) en la Figura XVIII.

La hipersuperficie ZΦ tiene toda la información del proceso existencial, y al pulsar a causa de la excitación por la pulsación que se genera en la periferia de la Unidad Existencial, transfiere esa información a todos sus entornos. **Por eso es la "manta" del arreglo espacio-tiempo portadora del proceso existencial**, el nivel del manto energético portador de la componente de referencia de todas las versiones locales y temporales.

A lo largo de su hiperanillo ecuatorial hΦ tiene lugar la circulación k del dominio material en el que nos hallamos como parte de la Unidad Binaria [Alfa-Omega].

Esta circulación se aproxima como una estructura de "bandas" tal como se ilustra en esta Figura XV [la banda central es el valor medio de todas las bandas a lo largo de un ciclo de re-energización de la Unidad Existencial y de recreación de la Forma de Vida Primordial que se configura a lo largo de ella, la banda central]. Las bandas son los lugares geométricos de "puntos" del *fluído primordial* con igual carga, o de entornos con igual densidad de carga.

En el entorno de la hipersuperficie de convergencia energética universal se define el *sistema resonante primordial* del que se derivan nuestros sistemas resonantes electrónicos en el sub-espectro electromagnético (ELM).

Sobre la hipersuperficie ZΦ se constituye un <u>sistema resonante en paralelo</u>, mientras que sobre su hiperanillo ecuatorial hΦ se constituye un <u>sistema resonante en serie</u>. En el sistema en paralelo, el sub-dominio primordial D_1 es el inductor mientras que el sub-dominio D_2 es el capacitor unario (unario: de un componente; de un solo dieléctrico, en este caso).

Nuestro Universo

La hiper galaxia Alfa

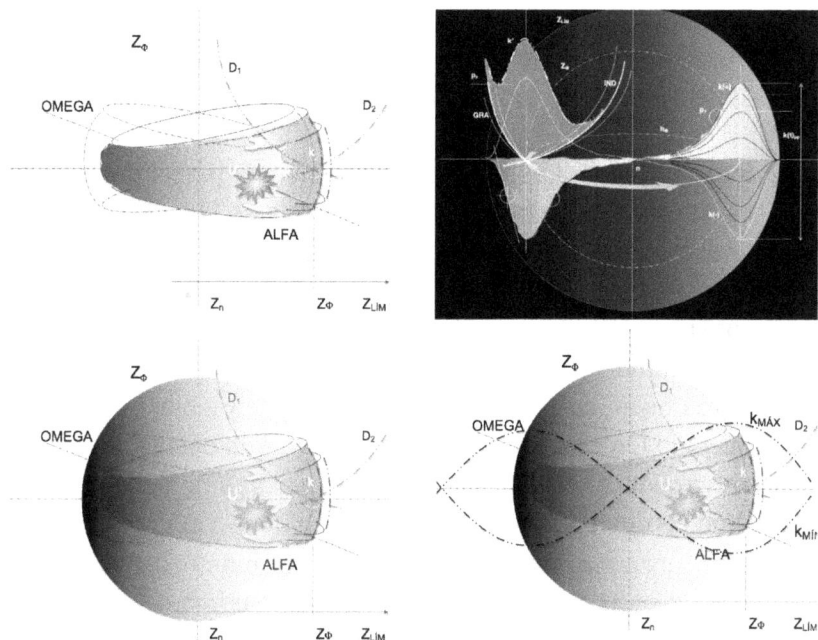

Figura XVI.
Nuestro Universo, la hiper galaxia Alfa.

¿Por qué observamos una expansión aparentemente indefinida en nuestro universo?

Se expande un dominio, el nuestro, el material, el dominio del nivel de asociación de la sustancia de la que todo se genera que percibimos con nuestros sentidos limitados a un sub-espectro del espectro existencial, mientras se contrae el otro dominio, el dominio primordial cuyos sub-dominios de *gravitación* (D_2) e *inducción* (D_1) generan las dos fuerzas primordiales de asociación y disociación [*amor y temor* en la estructura de consciencia]. Detalle superior derecho, para el universo Omega situado a la izquierda de la ilustración.

Esta interacción armónica entre expansión y contracción no puede ser alcanzada sino por el proceso racional, y confirmarse en la fenomenología energética universal, en nuestro entorno del hiperespacio de existencia multi-dimensional de naturaleza binaria.

El dominio material es resultado de la convergencia de, e interacción entre los dos sub-dominios primordiales D_1 y D_2; dominio que se halla sobre la estructura de circulación k del manto de *fluído primordial*.

El dominio material tiene una cantidad constante de materia, pero cambia su distribución espacio-temporal.

Nuestro universo Alfa es el dominio material visible.

El universo Omega es el universo de "materia oscura".

"Materia oscura" es la asociación material que no se ve, que es parte también del hiperanillo de circulación hΦ.

Nuestro universo se halla inmerso en el manto de *fluído primordial* cuya densidad de rotación, de carga primordial, está por encima del nivel promedio; es la energía que estimula el proceso tal como lo conocemos y experimentamos. El universo Omega se halla en el manto cuya <u>densidad por debajo del nivel promedio del manto primordial define la "energía oscura"</u>. Estas distribuciones de densidades se muestran por la curva senoidal que varía entre un estado y el otro. En el detalle inferior derecho se muestran las dos senoidales que representan las distribuciones de densidad del manto según el radio de la Unidad Existencial, y sus amplitudes varían entre una senoide y la otra en el tiempo, como se indica en la ilustración para la circulación k del universo Alfa.

Dominios Energéticos

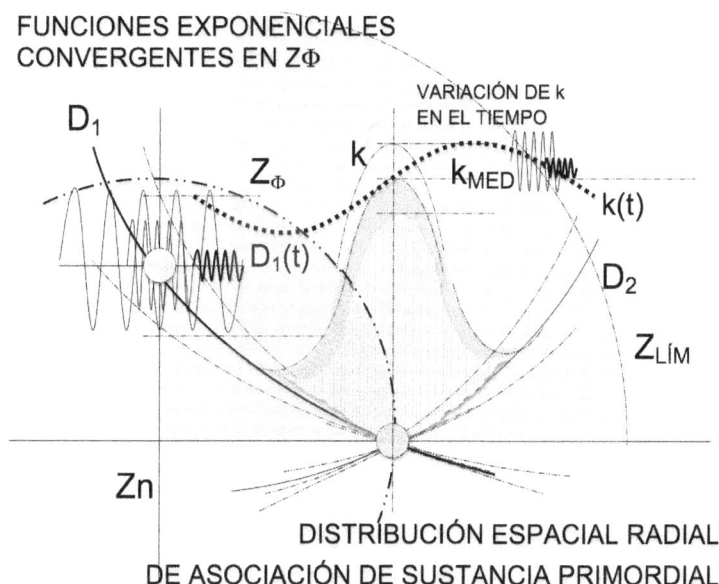

FUNCIONES EXPONENCIALES
CONVERGENTES EN $Z\Phi$

D_1

Z_Φ

VARIACIÓN DE k
EN EL TIEMPO

k

k_{MED}

$k(t)$

$D_1(t)$

D_2

$Z_{LÍM}$

Zn

DISTRIBUCIÓN ESPACIAL RADIAL
DE ASOCIACIÓN DE SUSTANCIA PRIMORDIAL

Figura XVII.
Mostramos el sector de la Unidad Existencial que alberga a Alfa, a nuestro universo, cuya estructura de circulación mostramos como k.

El arreglo k es una distribución de asociaciones materiales, de galaxias y sus constelaciones, sistemas estelares y planetarios, que tiene lugar sobre una configuración en "capas de cebollas" del manto de fluído primordial.

Toda asociación de la estructura de circulación k tiene componentes temporales que se representan sobre una partícula p general mostrada a la izquierda, sobre la curva D_1. Esas componentes temporales representan también las componentes de la distribución exponencial del dominio D_1 (que varía entre dos estados de distribuciones mostrados en líneas de puntos).

Sistema Alfa-Omega

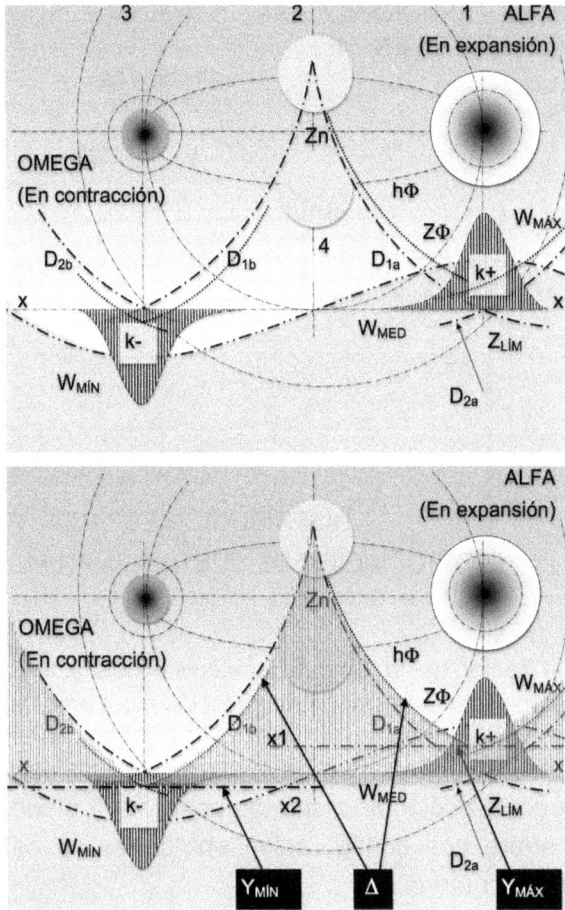

Figura XVIII.
Nuestro universo se encuentra "montado" sobre la curva senoidal W que es la primera armónica de la Serie de Fourier por la que se describe la Unidad Binaria [Alfa-Omega]. Estamos en $k^{(+)}$, en la parte positiva de la curva W que representa la densidad del manto energético, en $W_{MÁX}$.

XXXII

Conclusión

Interactuamos y nos comunicamos con Dios, con la estructura de la Consciencia Universal, continua, incesante, permanentemente aunque ahora lo hacemos mayormente inconscientes de ello, a través del espacio, de la intermodulación del manto energético en el que estamos inmersos.

Somos partes de un proceso eterno consciente de sí mismo.

Si nos sentimos perplejos, confundidos, incapaces de entender el proceso del que somos partes inseparables es simplemente por no haber desarrollado la interacción consciente con él.

Nos consideramos seres inteligentes resultado de un proceso UNIVERSO, pero luego deseamos y esperamos entender el proceso del que provenimos simplemente observando sus manifestaciones, sin interactuar con él, sin incorporar las experiencias de él sobre nuestra estructura primordial, es decir, sin incorporar las experiencias de los sentimientos y las emociones.

Si el universo es nuestro "creador", Dios, entonces nuestros sentimientos y emociones son parte del resultado en nosotros del proceso del que provenimos; luego, ciencia, la observación metódica ordenada de la fenomenología energética universal, de la fenomenología en el dominio material, no nos va a llevar a reconocer, menos entender, el proceso ORIGEN del universo y del ser humano.

A menos que interactuemos, personal e íntimamente con el proceso del que provenimos, no vamos a desarrollar consciencia, entendimiento de él más allá del entorno inmediato del dominio material que alcanzamos por los sentidos y a los que fundamentalmente ahora subordinamos nuestro proceso racional.

¿Por qué debemos interactuar con él?

Porque la evolución de la inteligencia de todas las formas de vida temporales tiene lugar por la interacción consciente o inconsciente con la fuente eterna, con el proceso existencial consciente de sí mismo del que provenimos.

A esta razón se llega por reconocimiento primordial, como lo fue el reconocimiento de la eternidad expresada en el *Principio de Conservación de la Energía*. El proceso eterno se descompone en sub-procesos temporales generando el *Principio de Armonía* del que tenemos su versión racional, matemática, a la que llamamos *Serie de Fourier*. El conflicto aparente entre el *Principio de Conservación de la Energía* y la *Segunda Ley de la Termodinámica* se debe simplemente a no haber reconocido que el universo no es la Unidad Existencial sino parte temporal de ella, y eso nos lo dice inenarguiblemente la presencia previa de la energía del entorno existencial cuya expansión dio lugar a nuestro universo. Y sabemos que ningún proceso existencial puede dar lugar a nada más inteligente que la referencia del proceso ni que el algoritmo de proceso del que resultamos.

Finalmente tenemos abiertas las *"Puertas del Cielo"*, las puertas a la estructura de la Consciencia Universal por las que alcanzamos las respuestas que necesitamos.

Tenemos acceso a la Mente de Dios, a la Consciencia Universal que se sustenta en la TRINIDAD PRIMORDIAL, en el arreglo que también sustenta el *Sistema Termodinámico Primordial* del que es parte el flujo de información de vida que genera la remanifestación de vida de los dos componentes del Sistema Binario (cuyas interacciones mantienen la Consciencia Universal).

Finalmente podemos saber por qué todo es como es, por qué nuestro mundo es como es, por qué sufrimos, cuál es el sentido de todo lo "bueno" y lo "malo" que experimentamos, y cuáles son los propósitos individuales y colectivos de la especie humana universal, no solo la de la Tierra. Las referencias que hemos venido indicando detallan toda esta información, al alcance de todos, que concierne a las inquietudes fundamentales comunes a todos.

Autor

Juan Carlos Martino es Ingeniero Electricista Electrónico gradua-
do en la Universidad Nacional de Córdoba, Argentina.

Inició su actividad profesional en Área Material Córdoba de la
Fuerza Aérea Argentina, en la Sección Electrónica de la Fábrica
Militar de Aviones, antes de buscar nuevas experiencias de vida,
primero en Venezuela, donde trabajó en la Refinería de Amuay de
Lagoven, Petróleos de Venezuela, y luego en Texas y Colorado,
en los Estados Unidos.

Juan y Norma, su esposa, viven actualmente en San Antonio,
Texas, luego de pasar casi once años en Longmont, Colorado,
donde Juan terminó de prepararse para participar al mundo la experiencia de su encuentro con Dios, con el Origen Absoluto, el
Proceso Existencial Consciente de Sí Mismo, que tuvo lugar en
Sugar Land, Texas, el 4 de Julio de 2001. Esta preparación tuvo
lugar en interacción íntima con Dios en sus exploraciones de los
glaciares de Colorado, en el Parque Nacional de las Montañas
Rocosas, luego de haberse movido a Colorado con este propósito
en Marzo de 2003.

Juan y Norma tienen tres hijos, Mariano, Omar y Carlos.

Desde muy pequeño Juan sintió atracción por la lectura primero, que le abría su imaginación, luego por la electrónica, que le
permitiría más adelante, por su interés particular por las aplicaciones elementales de circuitos resonantes, tener la experiencia que
necesitaría para trabajar con las orientaciones primordiales que
recibió de Dios, para finalmente entender el proceso existencial y
consolidar las leyes energéticas por el *Principio de Armonía* que
rige la evolución del proceso de recreación del universo a partir
del fenómeno temporal que la ciencia reconoce como Big Bang.

Esta consolidación coherente y consistente de las leyes energéticas en todos los entornos locales y temporales del universo es lo que nos permite tener el *Modelo Cosmológico Consolidado,* que describe la Unidad Existencial de la que nuestro universo es un entorno temporal que se recrea periódicamente por un proceso al alcance de todos. Este modelo consolida los dos dominios de la existencia, el dominio material que se alcanza con los sentidos del ser humano y la instrumentación que ha desarrollado, y el dominio espiritual o primordial en el que se halla inmerso el material y que se alcanza a través de la mente. Este *Modelo Cosmológico Consolidado* resuelve los dos retos racionales más grandes de la especie humana en la Tierra, científico uno, el *Origen y Evolución de Nuestro Universo,* y teológico el otro, la *Estructura Energética de la Trinidad Primordial* que la cristiandad reconoce como Padre, Hijo, y Espíritu Santo.

Si desea contactar a Juan Carlos Martino puede hacerlo por e-mail a la siguiente dirección,
jcmartino47@gmail.com

Apéndice

Otros Libros y Proyectos

La relación entre Dios y el ser humano, y la interacción íntima, particular, consciente, con Él

REFERENCIAS (A).

Disponibles en Amazon.com, Inc.

1.
Antes del Big Bang.
Quebrando las barreras de tiempo y espacio.
Entrando a la mente de Dios, del proceso existencial consciente de sí mismo.

2.
Con Corazón de Niño.
Dios, Tú y Yo, Compañeros en el Juego de la Vida.
Guía para la creación de un propósito o la experiencia de vida que se desea.

3.
El Celular Biológico.
Ciencia y Espiritualidad de la Interacción Efectiva Consciente con Dios.

4.
Libros de la Serie,
Hechos, La Manifestación de Dios Tal Como Sucedió.
Libro 1, *¿Qué le Sucedió a Juan?*
Libro 2, *El Regreso a la Armonía,*
Libro 3, *El Proyecto de Dios y Juan.*

Estos libros cubren la extraordinaria experiencia de Juan por la que se le abrieron *"las Puertas del Cielo"* y a través de las cuales pasó a otra dimensión existencial, a otra dimensión de la Realidad Existencial. De allí nos trae Juan el mecanismo primordial que rige la interacción íntima consciente con Dios, con el proceso ORIGEN del que provenimos y somos partes inseparables, y las orientaciones e información que necesita el ser humano para alcanzar y entender las respuestas a las inquietudes fundamentales de la especie humana en la Tierra, tener la experiencia de vida que desea, y realizar la mejor versión de sí mismo que alcanza a visualizar.

El autor puede ser contactado a través de e-mail, jcmartino47@gmail.com

Próximamente se iniciará a través de las redes sociales una acción de interacción sobre estos libros y sus tópicos, y la participación del *Modelo Cosmológico Consolidado* al alcance de todos.
Los interesados también tendrán información de acciones, eventos y publicaciones en Youtube,
https://www.youtube.com/channel/UCVoAjWGLbdDMw7s6 4bqOYjA
En este momento, en Youtube hay algunos videos sobre el ca-

lentamiento global en la Tierra que fueron publicados en la primera fase de participaciones, antes de la preparación de los libros. También podrán acceder al website,

www.juancarlosmartino.com

que será rediseñado para apoyar todas las acciones referentes al *Proyecto de Dios y Juan*.

El rediseño de este website se espera ser llevado a cabo hacia el primer trimestre del año 2016. Si el rediseño no estuviese listo, al menos habrá una nueva primera página en español para canalizar la información referente al Proyecto y todas las publicaciones.

Los otros libros del autor listados a continuación se encuentran en versiones de trabajo [doc.] y copias en formato PDF 8.5"x11" en proceso de revisión. Posteriormente serán preparados en los formatos 6"x9" para publicación.

Se espera tener el libro del apartado B.(I) listo y a disposición de los lectores en el primer semestre del año 2016.

Los libros del apartado B.(II),

¡Yo Soy Feliz!,

Bioelectrónica de las Emociones, vols. 1 y 2,

debido a sus extensiones, serán revisados a mediados del próximo año y publicados en una primera versión en formato 8.5"x11" para ponerlos pronto a disposición de los lectores. Una segunda versión en formato 6"x9" se preparará y publicará más adelante.

REFERENCIAS (B).

(I). Al alcance de todos.
1.
Diosiño, Dos Mil Años Después.
Alcanzando por ti mismo las respuestas que el mundo no puede darle a tu corazón de niño.

(II). Más avanzado, que incluye la primera versión de la introducción al *Modelo Cosmológico Consolidado*,
2.
¡Yo Soy Feliz!
Bioelectrónica de las Emociones, Vols. 1 y 2.

Ciencia y Espiritualidad de las Emociones,
Al alcance de todos, para todos los intereses del quehacer
humano.
Dios, proceso existencial consciente de sí mismo, ¡es real
dentro nuestro!
Hoy podemos explorar la inseparable presencia de Dios en la
trinidad energética que nos define y el proceso existencial
que está codificado en la estructura ADN de la especie humana.
Origen de las emociones en los arreglos biológicos de la especie
humana y su función en el control por sí mismo, de sí mismo del
ser humano, para el desarrollo de su consciencia, de entendimiento del proceso existencial, la vida, para experimentar, sana y
felizmente, la realización de sus deseos y creaciones; y
una motivación íntima, personal, individual, particular, a explorar
el proceso existencial del que provenimos, y del que somos partes inseparables, para entender nuestra función y propósitos, individual y colectivo, en él, a través de él, frente a cualquier y todas
las circunstancias de vida por las que nos toque pasar.

Volumen 1.
El Ser Humano es una individualización del Proceso Existencial del que proviene a *imagen y semejanza*.

Volumen 2.
¡Yo Soy!
El Creador de Mi Realidad.

OTRAS REFERENCIAS (C).

1.
Conversaciones con Dios,
Neale Donald Walsch.
G. P. Putnam's Sons Publishers, New York.

2.
Pide y Se Te Dará,
Esther y Jerry Hicks.
Tres pasos para alcanzar lo que deseas,
- Pides;
- El Universo responde;
- Permites que la respuesta fluya hacia ti.

En este libro fascinante y profundamente espiritual, Jerry y Esther Hicks trascienden el plano físico para transmitirnos las enseñanzas de un grupo de entidades superiores que se denominan a sí mismas Abraham: un verdadero manual de espiritualidad, que incluye inspiradores ejercicios para aprender a pedir y a recibir todo aquello que deseamos ser, hacer o tener. Los autores de *El libro de Sara* nos ayudan a comprender nuestra naturaleza como creadores, y nos enseñan a confiar en las emociones para descubrir si nuestro pensamiento está vibrando en armonía con el ser. Nos invitan también a poner en práctica veintidós procesos creativos que nos situarán en la vibración adecuada para hacer nuestros deseos realidad: meditaciones, afirmaciones, interpretación de sueños, construcción de espacios de creación... Es el derecho de todo ser humano el gozar de una vida plena; este libro constituye la mejor herramienta para conseguirlo.

3.
Amar lo Que Es,
Cuatro preguntas que pueden cambiar tu vida,
Byron Katie, Stephen Mitchell.
¿Es eso verdad?

241

¿Tienes la absoluta certeza de que eso es verdad?
¿Cómo reaccionas cuando tienes ese pensamiento?
¿Quién serías sin ese pensamiento?
Responde a estas cuatro preguntas y luego inviertes tus respuestas.

"Cuanto más claramente te comprendes a ti mismo y comprendes tus emociones, más te conviertes en un amante de lo que es".
Baruch Spinoza.

4.
Biología de la Creencia.
(The Biology of Belief. Unleashing the Power of Consciousness, Matter and Miracles).
By Bruce Lipton.

5.
Plant-Animal Communication (Oxford Biology),
by H. Martin Schaefer (Author), Graeme D. Ruxton (Author).
Molecular Biology of the Cell,
Alberts B, Johnson A, Lewis J, et al.
New York: Garland Sciences.
Virginia Tech College of Agriculture and Life Sciences.

6.
Molecules of Emotion: The Science Behind Mind-Body Medicine, by Candace B. Perth and Deepak Chopra (Dec. 11, 2012).
Candace B. Pert, Ph.D., es profesora investigadora del Dept. de Fisiología y Biofísica del Centro Médico de Georgetown en Washington, D.C. y lleva a cabo investigaciones sobre SIDA.

www.ingramcontent.com/pod-product-compliance
Lightning Source LLC
Chambersburg PA
CBHW060337200326
41519CB00011BA/1965